Duden Ratgeber

Arbeitsmappe Berufliche Neuorientierung

Träume ernst nehmen, Potenziale erkennen,
Hindernisse überwinden, Entscheidungen treffen

Bearbeitet von
der Dudenredaktion

Dudenverlag
Berlin · Mannheim · Zürich

Die Duden-Sprachberatung beantwortet Ihre Fragen
zu Rechtschreibung, Zeichensetzung, Grammatik u. Ä.
montags bis freitags zwischen 09:00 und 17:00 Uhr.

Aus Deutschland: 09001 870098 (1,86 € pro Minute aus dem Festnetz)
Aus Österreich: 0900 844144 (1,80 € pro Minute aus dem Festnetz)
Aus der Schweiz: 0900 383360 (3,13 CHF pro Minute aus dem Festnetz)
Die Tarife für Anrufe aus den Mobilfunknetzen können davon abweichen.
Den kostenlosen Newsletter der Duden-Sprachberatung können Sie
unter www.duden.de/newsletter abonnieren.

Bibliografische Information der Deutschen Nationalbibliothek
Die Deutsche Nationalbibliothek verzeichnet diese Publikation in der Deutschen
Nationalbibliografie; detaillierte bibliografische Daten sind im Internet über
http://dnb.d-nb.de abrufbar.

Redaktionelle Leitung: Jürgen Hotz, Julia Prus, Sophie Schwaiger
Redaktion: Dr. Hildegard Hogen
Autor: Hans-Georg Willmann
Herstellung: Judith Diemer, Monique Markus

Typografie: init · Büro für Gestaltung, Bielefeld
Umschlaggestaltung: Büroecco, Augsburg
Satz: fotosatz griesheim GmbH
Druck und Bindung: Himmer AG, Steinerne Furt 95, 86167 Augsburg

ISBN 978-3-411-71182-6

Auch als E-Book erhältlich unter:
ISBN 978-3-411-90613-0

www.duden.de

Benutzerhinweis

Unzufriedenheit im Job und Arbeitslosigkeit sind die häufigsten Auslöser für die berufliche Neuorientierung. Und immer mehr Menschen orientieren sich im Lauf ihres Berufslebens neu. Wer eine solche Veränderung anstrebt, kommt zunächst einmal nicht um die beiden zentralen Fragen herum: »Was will ich?« und »Was kann ich?«. Und für viele tun sich weitere Fragen auf, z. B.: Welche Berufsbilder, welche Aufgaben und welche Arbeitgeber gibt es? Welche passen zu meinen Vorstellungen und Fähigkeiten? Wie finde ich heraus, was ich wirklich will? Was ich wirklich kann? Welche Hindernisse stehen mir im Weg und wie kann ich sie überwinden?

Unser Duden Ratgeber hilft Ihnen, diese und viele weitere Fragen zu beantworten. Die Arbeitsmappe »Berufliche Neuorientierung« ist so konzipiert, dass Sie Ihren Weg zu einem neuen beruflichen Ziel Schritt für Schritt gehen können. Sie finden hier alle Informationen, die Sie benötigen, um sich sicher auf Ihre Entscheidung vorzubereiten und den Mut aufzubringen, sie auch zu treffen. Dabei folgt dieser Duden Ratgeber einer durchgängigen, in sich schlüssigen Struktur:

- In einer knappen Einführung lernen Sie zunächst die vier Schritte kennen, mit denen Sie Ihre berufliche Neuorientierung systematisch starten können. Nutzen Sie diese Navigation, um sich zügig einen Überblick zu verschaffen!
- In vier Hauptkapiteln werden Sie bei den einzelnen Schritten begleitet: 1) Ihr neues berufliches Ziel zu definieren, 2) Ihr Potenzialprofil zu erstellen, 3) Ihr persönliches Hindernismanagement zu entwickeln und 4) Ihr individuelles Entscheidungsmanagement zu schaffen.
- Anhand von 60 Übungen können Sie spielerisch herausfinden, was Sie wirklich wollen, was in Ihnen steckt und welche Möglichkeiten Sie mit diesem Potenzial haben. Mit interessanten Fragen, kleinen Selbsttests und Fragebögen zur Selbsteinschätzung haben Sie die Möglichkeit, allein oder mit Freunden, auf die Suche nach dem »roten Faden« in Ihrem Leben zu gehen.

- Zahlreiche Merksätze, biografische Beispiele, Erläuterungen und Tipps helfen Ihnen dabei, Ihre individuelle Situation einzuschätzen und Klarheit und Sicherheit in Ihrem Prozess der beruflichen Neuorientierung zu erhalten.
- Eine Checkliste, in der Sie Ihre Antworten auf alle relevanten Fragen die erfolgreiche berufliche Neuorientierung betreffend auf einen Blick festhalten können, hilft Ihnen abschließend dabei, an alles Wichtige zu denken. So behalten Sie stets den Überblick.

Nehmen Sie sich etwas Zeit für diese Arbeitsmappe. Planen Sie circa eine Stunde pro Hauptkapitel ein, wenn Sie nur die Anregungen in den Texten lesen wollen. Wenn Sie auch die Übungen durchführen wollen, sollten Sie mit circa 15 Minuten pro Übung rechnen. Lassen Sie Ihre Gedanken aus den Übungen einige Tage auf sich wirken. Eine so wichtige Entscheidung wie die über eine berufliche Neuorientierung braucht Zeit. Immerhin geht es dabei um nicht weniger als um eine neue Richtung für den Rest Ihres Lebens.

Wir wünschen Ihnen viel Erfolg mit unserer Arbeitsmappe »Berufliche Neuorientierung«!

Inhalt

■ **Inhalt**

■ **Die Einführung** 6

■ In vier Schritten zum beruflichen Neuanfang ... 6

■ **Träume ernst nehmen** 10

■ Sehen, was wirklich wichtig ist 10

Übung 1 Wovon träumen Sie? 11
Übung 2 Welche Bilder haben Sie im Kopf?...... 12
Übung 3 Mit wem würden Sie tauschen?.......... 13

■ Vorstellungen 14

Übung 4 Was steckt hinter Ihren Träumen?...... 15
Übung 5 Wie sieht Ihr idealer Arbeitstag aus?.. 16
Übung 6 Was ist Ihnen bei der Arbeit wichtig? . 17
Übung 7 Was erzählen Sie einem guten
           Freund? 18
Übung 8 Was macht Sie bei der Arbeit
           zufrieden? 19
Übung 9 Wie war Ihr Berufs- und
           Arbeitsleben? 20
Übung 10 Was soll am Ende übrig bleiben? 21

■ Interessen 22

Übung 11 Was machen Sie in Ihrer Freizeit am
           liebsten?.................................... 23
Übung 12 Wo ist der rote Faden in Ihrem
           Leben? 24

■ Bedürfnisse 26

Übung 13 Woher kommen Ihre Vorstellungen
           und Ihre Interessen? 27

■ Eigenschaften 32

Übung 14 Welche Eigenschaften ordnen Sie
           wem zu?.................................... 34

■ Bilanz ziehen... 36

■ **Potenziale erkennen** 38

■ Das Potenzialprofil schärfen 38

■ Fähigkeiten... 40

Übung 1 Fähigkeiten aus der Schulzeit 41
Übung 2 Fähigkeiten aus der
           Berufsausbildung 42
Übung 3 Fähigkeiten aus der Studienzeit.......... 43
Übung 4 Fähigkeiten aus Wehr- oder
           Ersatzdienst, Freiwilligem Sozialem
           oder Ökologischem Jahr 44
Übung 5 Fähigkeiten aus Praktika.................... 45
Übung 6 Fähigkeiten aus Nebenjobs................. 46
Übung 7 Fähigkeiten aus dem Ehrenamt.......... 47
Übung 8 Fähigkeiten aus der Erwerbstätigkeit.. 48
Übung 9 Fähigkeiten aus Hobbys 50
Übung 10 Fähigkeiten aus dem Bereich
           der Familie 51
Übung 11 Fähigkeiten durch besondere
           Lebenssituationen.......................... 52

■ Qualifikationen 54

Übung 12 Stellenanzeigen auswerten 56
Übung 13 Unternehmerpotenzial prüfen 58
Übung 14 Informationen zum Thema
           Existenzgründung einholen 60

■ Tätigkeitsfelderfahrungen............................ 62

Übung 15 Tätigkeitsfelder auflisten 63

■ Branchenerfahrungen.................................. 64

Übung 16 Branchen auflisten 65

■ Bilanz ziehen... 66

■ **Hindernisse überwinden** 68

■ Stolpersteine erkennen................................ 68

■ Bereitschaft.. 70

Übung 1 Das neue berufliche Ziel benennen 71
Übung 2 Plan erstellen 72
Übung 3 Etappen festlegen 73
Übung 4 Belohnung einplanen 74
Übung 5 Unterstützer bewusst machen 75

Befähigung 76

Übung 6   Schätzen Sie Ihr Potenzial ein! 83

Übung 7   Grenzen akzeptieren 84

Übung 8   Ziel korrigieren 85

Selbstvertrauen 86

Übung 9   Den eigenen Ängsten ins Auge
schauen 87

Übung 10   Rücksichtsvoll mit sich selbst
umgehen 88

Übung 11   Bedenken anderer überhören 89

Übung 12   An positive Erfahrungen anknüpfen 90

Übung 13   Auf eine gute körperliche Verfassung
achten 91

Möglichkeiten 92

Übung 14   Fakten von Betrachtungsweisen
trennen 93

Übung 15   Auswirkungen anschauen 94

Übung 16   Einflussmöglichkeiten auf Fakten
prüfen 95

Übung 17   Einflussmöglichkeiten auf
Betrachtungsweisen prüfen 96

Übung 18   Weiterer Fakten- und
Betrachtungsweisencheck 97

Bilanz ziehen 98

Entscheidungen treffen 100

Wahlfreiheit nutzen 100

Folgen abschätzen 102

Übung 1   Zweispaltenbilanz 103

Übung 2   Vierfelder-Folgenmatrix 104

Übung 3   Zeit- und Raumachse 105

Entscheidungsbalance 106

Übung 4   Wie entscheidungssicher sind Sie? 107

Übung 5   Kopf und Bauch in Einklang bringen ... 109

Entscheidung absichern 110

Übung 6   Wahrscheinlichkeitsrechnung 111

Übung 7   Zweitmeinung einholen 112

Übung 8   Plan B entwickeln 113

Übung 9   Der Weg der kleinen Schritte 115

Entscheidung treffen 116

Übung 10   Der richtige Zeitpunkt 117

Übung 11   Die richtige Balance 118

Übung 12   FAQ 119

Bilanz ziehen 120

Checkliste 122

**Die berufliche Neuorientierung
auf einen Blick** 122

In vier Schritten zum beruflichen Neuanfang

Viele Menschen orientieren sich im Lauf ihres Berufslebens neu. Die einen freiwillig, weil sie mit ihrer beruflichen Situation unzufrieden sind. Die anderen unfreiwillig, weil sie ihren Arbeitsplatz verlieren. Bei einer beruflichen Neuorientierung besteht die Kunst nicht nur darin, eine Antwort auf die beiden Fragen »Was will ich?« und »Was kann ich?« zu finden. Mindestens ebenso wichtig ist es, Hindernisse zwischen dem »Hier« und dem »Da« zu erkennen, damit konstruktiv umgehen zu können und letztlich die Kraft aufzubringen, tatsächlich loszulaufen.

Die Entscheidung, etwas Grundlegendes im eigenen Arbeitsleben zu ändern, hat Auswirkungen auf andere Lebensbereiche und auf die Menschen in unserem Umfeld. Das macht die Situation eines beruflichen Neuanfangs so komplex. Unsere Arbeit bestimmt darüber, wann wir morgens aufstehen und abends schlafen gehen, wann wir uns mit Freunden treffen, wo wir einkaufen gehen und wie viel Geld wir ausgeben können. Arbeit strukturiert unser Leben, sichert unsere Existenz und die unserer Familie, verschafft uns Kontakt zu anderen Menschen und gibt uns im besten Fall auch das Gefühl, etwas zu können und etwas wert zu sein. Wer schon einmal arbeitslos war, kennt das Gefühl, mit der Arbeit auch den Platz in der Gesellschaft verloren zu haben.

Ohne sicher sein zu können, dass alles klappen wird, lassen wir bei einem beruflichen Neuanfang Vertrautes zurück und brechen auf zu neuen Ufern. Um nicht die Orientierung zu verlieren, sondern im Meer der beruflichen Möglichkeiten zielstrebig die richtigen Inseln ansteuern zu können, empfiehlt es sich, systematisch vorzugehen:

In vier Schritten zum beruflichen Neuanfang

1) Träume ernst nehmen: das neue berufliche Ziel finden und festlegen,

2) Potenziale erkennen: das eigene Profil erstellen,

3) Hindernisse überwinden: Schwierigkeiten identifizieren und bewältigen,

4) Entscheidungen treffen: den Mut zu Neuem aufbringen und die Folgen absichern.

Schritt 1: Träume ernst nehmen

Manchmal ist die Sehnsucht nach Veränderung groß und trotzdem fällt es schwer, ein neues berufliches Ziel zu finden. Dann hat der Wille zur Veränderung keine Richtung und wir drehen uns im Kreis. Ein gelingender beruflicher Neuanfang braucht ein Ziel. Wenn wir nicht wirklich wissen, was wir eigentlich wollen oder verändern sollen, um glücklicher und zufriedener zu werden, können wir unsere Träume nutzen. Hinter unseren Träumen verstecken sich die Dinge, die für uns im Leben wirklich wichtig sind. Nehmen Sie Ihre Träume ernst und schauen Sie sich bewusst an, was dahintersteckt:

- **Vorstellungen:** Welche Bilder haben Sie vor Augen, wenn Sie an Ihr ideales (Arbeits)leben denken? Arbeiten Sie draußen oder drinnen, lang oder kurz, mit Kollegen oder allein, verdienen Sie viel oder wenig?
- **Interessen:** Was interessiert Sie wirklich? Mit welchen Themen und Inhalten beschäftigen Sie sich gern? Sind das eher Menschen oder eher Maschinen, Pflanzen oder Tiere, Bücher oder Autos, Geschichte oder Sport, Kunst oder Reisen?
- **Bedürfnisse:** Welche Bedürfnisse wollen Sie in Ihrer neuen Arbeit unbedingt befriedigen? Brauchen Sie Status oder Sinn, Macht oder Wettbewerb, Geselligkeit oder Sicherheit, Spaß oder Leistung?
- **Eigenschaften:** Welche persönlichen Eigenschaften wollen Sie bei Ihrer neuen Arbeit auf jeden Fall ausleben? Vielleicht Sorgfalt oder Kreativität, Zurückhaltung oder Kontaktstärke, Durchsetzungsfähigkeit oder Teamgeist?

14 Übungen im Kapitel »Träume ernst nehmen« helfen Ihnen, Ihr Ziel einzukreisen. Nach diesem ersten Schritt sollten Sie Ihr Ziel definiert und so Ihrem Willen zur Veränderung eine Richtung gegeben haben.

Mein erster Schritt: Träume ernst nehmen

Schritt 2: Potenziale erkennen

Die meisten Menschen können mehr, als sie denken. Oft schlummern nicht beachtete Talente unter der Oberfläche. Ein Blick auf unseren bisherigen Lebens- und Berufsweg fördert da manchmal Erstaunliches zutage. Deshalb lohnt sich ein Blick zurück auf die eigene Vergangenheit mit all den vielfältigen Aktivitäten und Aufgaben, die wir im Lauf unseres Lebens bereits ausgeführt haben. Ein gelingender beruflicher Neuanfang braucht Potenzial. Wenn Sie das Gefühl haben, nicht wirklich zu wissen, was Sie eigentlich können oder können müssten, um Ihr neues berufliches Ziel zu erreichen, werden Sie überrascht sein, dass Sie bereits weit mehr Potenzial mitbringen, als Sie glauben. Heben Sie diesen Schatz, indem Sie bewusst die folgenden Punkte prüfen und um Ihre individuellen Aspekte ergänzen:

- **Fähigkeiten:** Durchforsten Sie Ihre Biografie von der Schulzeit bis heute und notieren Sie sich Ihre wichtigsten Fähigkeiten, die Sie über die Zeit entwickelt und in unterschiedlichen Aufgaben bewiesen haben. Können Sie z. B. gut analysieren oder bewerten, diskutieren oder erklären, koordinieren oder organisieren, reparieren oder verwalten?
- **Qualifikationen:** Welche Schul-, Ausbildungs-, Studien- und Weiterbildungsabschlüsse haben Sie im Lauf Ihres Lebens erworben? Ist das ein Hauptschulabschluss, die mittlere Reife,

die allgemeine Hochschulreife, ein Gesellen- oder ein Kaufmannsgehilfenbrief, ein Diplom-, Magister-, Bachelor- oder Masterabschluss, oder sind das Sprach- oder EDV-Zertifikate?
- **Tätigkeitsfelderfahrungen:** In welchen Tätigkeitsfeldern haben Sie bereits praktische Erfahrung gesammelt? In der allgemeinen Büroarbeit oder der Verwaltung, im Einkauf oder im Vertrieb, in der Personalabteilung oder im Marketing, in der Werkstatt oder an der Maschine, am Fließband oder auf der Baustelle?
- **Branchenerfahrungen:** In welchen Branchen haben Sie bereits gearbeitet? In der Gesundheitsbranche oder im Handel, der Unterhaltungsbranche oder der Industrie, im Gastgewerbe oder der Transportbranche?

Im Kapitel »Potenziale erkennen« finden Sie 16 Übungen, mit deren Hilfe Sie spielerisch Ihr Potenzial ermitteln werden. Nach dem zweiten Schritt können Sie Ihr Profil erstellen und so eine klare Vorstellung davon bekommen, ob Sie die notwendigen Kompetenzen für Ihr neues berufliches Ziel mitbringen.

Mein zweiter Schritt: Potenziale erkennen

Schritt 3: Hindernisse überwinden

Berufliche Neuorientierung braucht Zeit und Energie. Viele Menschen unterschätzen, welche Steigungen und welches Gefälle der Weg zu einem neuen Arbeitsplatz oder gar zu einem neuen Beruf haben kann und wie viele Hindernisse zu überwinden sind. Wie bei jeder Wanderung, so ist es auch bei einem beruflichen Neuanfang sinnvoll, den Weg zuvor abzustecken, einzuteilen und auf Hindernisse vorbereitet zu sein. Ein gelingender beruflicher Neuanfang braucht ein Hindernismanagement. Wenn Sie sich trotz klar definiertem neuem beruflichem Ziel und dem Potenzial, das Ziel auch erreichen zu können, nicht trauen, loszugehen, helfen Ihnen die folgenden Punkte:

- **Bereitschaft:** Prüfen Sie Ihre Bereitschaft, die nötige Energie und Zeit aufzubringen, die Sie brauchen, um Ihr Ziel zu erreichen. Stärken Sie, wenn nötig, Ihre Bereitschaft zur Anstrengung.
- **Befähigung:** Prüfen Sie die Passung zwischen Ihrem Ziel und Ihrem Potenzial, akzeptieren Sie die Grenzen Ihrer Befähigung und korrigieren Sie wenn nötig Ihr Ziel.
- **Selbstvertrauen:** Stärken Sie Ihr Selbstvertrauen und den Glauben daran, dass Ihr beruflicher Neuanfang gelingen kann. Gehen Sie rücksichtsvoll mit sich selbst um und knüpfen Sie an gute Erfahrungen aus der Vergangenheit an.
- **Möglichkeiten:** Prüfen Sie Ihre Lebenssituation daraufhin, ob Ihnen ein beruflicher Neustart aktuell überhaupt möglich ist. Manchmal gibt es einfach Umstände, auf die man (noch) keinen Einfluss hat und die eine Veränderung (noch) unmöglich machen. Hier hilft es, Fakten von Betrachtungsweisen trennen zu lernen.

Anhand von 18 Übungen werden Sie im Kapitel »Hindernisse überwinden« identifizieren, was Ihnen auf dem Weg zu Ihrem neuen beruflichen Ziel Schwierigkeiten bereiten könnte. Nach dem dritten Schritt sind Sie in der Lage, Ihr persönliches Hindernismanagement zu entwickeln.

Mein dritter Schritt: Hindernisse überwinden

Schritt 4: Entscheidungen treffen

Im Prozess der beruflichen Neuorientierung haben wir immer die Wahl zwischen Neuanfang und Alles-beim-Alten-Lassen. Und spätestens dann, wenn es darum geht, Nägel mit Köpfen zu machen, sind viele Menschen wie gelähmt und treffen keine Entscheidung. Ohne Entscheidung hängen wir aber zwischen alt und neu fest. Ein gelingender beruflicher Neuanfang braucht eine klare Entscheidung. Wenn Sie das Gefühl haben, sich trotz Ziel, Potenzial und Hindernismanagement nicht entscheiden zu können, unterstützen Sie die folgenden »Entscheidungshelfer«:

- **Abschätzen der Folgen:** Jede Entscheidung hat Folgen und nicht alle Folgen sind erwünscht. Nehmen Sie gedanklich vorweg, welche erwünschten und unerwünschten Auswirkungen eine Entscheidung für oder gegen den beruflichen Neuanfang hätte.
- **Entscheidungsbalance herstellen:** Bringen Sie alle rationalen Informationen und alle emotionalen Impulse in Einklang. Das wird Ihnen mehr Sicherheit für Ihre Entscheidung geben.

- **Absichern der Entscheidung:** Prüfen Sie, wie wahrscheinlich der Erfolg bzw. das Scheitern Ihrer beruflichen Neuorientierung ist. Und schmieden Sie einen Plan B für den schlimmsten Fall. Mit diesem Sicherheitsnetz wird es Ihnen leichterfallen, zu springen.
- **Entscheidung treffen:** Wählen Sie den richtigen Zeitpunkt für Ihren Start und achten Sie auf ein Gleichgewicht zwischen den verschiedenen Bereichen in Ihrem Leben.

In diesem Kapitel finden Sie zwölf Übungen, mit deren Hilfe Sie Ihre Entscheidung leichter treffen können. Nach dem vierten Schritt können Sie Ihr individuelles Entscheidungsmanagement schaffen und sich dann auf den Weg zu Ihrem neuen beruflichen Ziel machen.

Mein vierter Schritt: Entscheidungen treffen

Die berufliche Neuorientierung verläuft nicht linear. Während Sie die vielen Anregungen und Übungen auf den folgenden Seiten durchgehen, werden Sie immer wieder auch einmal nach vorn und nach hinten blättern. Das ist völlig normal und sinnvoll. Nehmen Sie sich die Freiheit, entlang der vorgegebenen Struktur dieser Arbeitsmappe Ihre eigene, individuelle Vorgehensweise zu entwickeln!

Vielleicht ist es nur eine Anregung, eine Übung oder eine Formulierung, die Ihnen den entscheidenden Impuls gibt, dass Sie Ihr Ziel klar vor Augen sehen, dass Sie begreifen, was Sie eigentlich können, und dass Sie trotz vieler Hindernisse die Entscheidung treffen, den beruflichen Neuanfang zu wagen.

Träume ernst nehmen

■ Sehen, was wirklich wichtig ist

Noch einmal ganz von vorn anfangen, alles auf null und etwas ganz anderes machen? Einen neuen Beruf erlernen, eine neue Tätigkeit ausüben oder vielleicht auch nur den Arbeitgeber wechseln? An manchen Punkten im Leben ist die Sehnsucht nach Veränderung riesengroß. Doch oft ist es in der Enge des Alltags gar nicht so leicht, einen Anhaltspunkt für eine Veränderung zu finden. Die Unzufriedenheit wächst, und mit ihr wachsen die Fluchtträume.

Viele Menschen nehmen diese Träume nicht ernst. Doch in Fluchtträumen stecken wichtige Informationen darüber, was wir wirklich brauchen, um glücklich zu sein. Warum ist das so und woraus bestehen eigentlich diese Träume? Träume sind ein Ventil für nicht befriedigte Bedürfnisse und nicht umgesetzte Vorstellungen von einem guten Leben. In unseren Träumen leben wir das aus, was wir im wirklichen Leben vermissen. Wer seine Träume ernst nimmt, hält einen Kompass in Händen, der die Richtung für ein zufriedenes und glückliches Leben weisen kann.

Schauen Sie deshalb einmal bewusst darauf, was Ihre Träume über Ihre Bedürfnisse, über Ihre Interessen und Eigenschaften und über Ihre Vorstellungen von einem guten Leben verraten. Durch die Beschäftigung mit den 14 Übungen in diesem Kapitel werden Sie klarer sehen, was genau Sie mit Ihrer beruflichen Veränderung eigentlich erreichen wollen.

Wir alle haben Vorstellungen von einem guten Leben. Oft sind das große Vorstellungen, die unseren kleinen Alltag erhellen. Zum Beispiel: Als erfolgreiche Fotojournalistin unabhängig arbeiten, um die Welt reisen und viele Länder, Kulturen und Menschen kennenlernen. Oder als Rockstar Spaß haben, viel Geld verdienen und ein sorgenfreies Leben führen. Vielleicht auch als berühmter Forscher jeden Tag etwas Neues untersuchen, wichtige Zusammenhänge entdecken und die eigene Arbeit als sinnvoll und erfüllend erleben.

Schaut man sich die Fluchtträume verschiedener Menschen einmal genau an, erkennt man bestimmte Gemeinsamkeiten. Demnach sind es nur einige wenige Punkte, die wir im Zusammenhang mit unserer Arbeit zu brauchen scheinen:

- Anerkennung und Wertschätzung,
- Entscheidungs- und Handlungsspielraum,
- Lern- und Entwicklungsmöglichkeiten,
- das Gefühl, etwas Wichtiges, Sinnvolles zu tun,
- Arbeitsplatzsicherheit.

Arbeitspsychologische Studien bestätigen, dass es tatsächlich nur eine Handvoll Faktoren sind, die wir Menschen brauchen, um ein zufriedenes und glückliches Berufs- und Arbeitsleben zu führen. Das Berufs- und Arbeitsleben des 21. Jahrhunderts scheint jedoch wenig von dem zu haben, was wir brauchen und was wir uns vorstellen. Und so träumen wir von den großen Dingen.

In einer Phase der beruflichen Neuorientierung können Sie Ihre Träume nutzen, um herauszufinden, was für Sie wirklich wichtig ist. So wie Susanne, 39 Jahre alt, Verwaltungsangestellte im öffentlichen Dienst:

Susanne, 39 Jahre, Verwaltungsangestellte

Susanne arbeitet seit 15 Jahren im öffentlichen Dienst. Gleich nach ihrem Studium zur Verwaltungswirtin ist sie bei ihrer Dienststelle eingestiegen. Sie hat einen sicheren Arbeitsplatz und damit eine gesicherte Existenz. Das schätzt Susanne sehr.
Seit einiger Zeit fühlt sie sich jedoch unzufrieden und sie spielt immer wieder mit dem Gedanken, sich beruflich neu zu orientieren. Susanne ertappt sich immer häufiger dabei, wie sie davon träumt, die Ausbildung und Prüfung zur Tauchlehrerin zu absolvieren und in Thailand eine Tauchschule zu eröffnen.
Was steckt hinter ihrem Fluchttraum? Susanne fühlt sich seit Längerem durch die strikten Vorgaben im Amt eingeengt. Sie wünscht sich mehr Entscheidungs- und Handlungsspielraum und auch mehr Lern- und Entwicklungsmöglichkeiten. Zudem fehlen Susanne die Anerkennung und die Wertschätzung für ihre Arbeit. Und so träumt sie von Thailand.

Wovon träumen Sie und was verraten Ihnen Ihre Träume?

Übung 1 **Wovon träumen Sie?**

Lassen Sie Ihrer Fantasie einmal freien Lauf. Nach dem Motto »alles ist möglich« können Sie in den nächsten 15 Minuten träumen. Lassen Sie sich dabei von allem inspirieren, was Ihnen vor die Augen und in den Sinn kommt, aber lassen Sie sich nicht durch Bedenken einengen! Beschreiben Sie die Bilder von einem Leben, das die Sehnsucht in Ihnen weckt, in allen Farben. Sie können mehrere Fluchtträume haben. Schreiben Sie alle auf.

Lassen Sie Ihre Träume vor Ihrem inneren Auge ablaufen.

Ich träume von ...

Träume ernst nehmen

Mein Traumleben in Bildern als Collage

Gestalten Sie eine Collage Ihres Traumlebens! Diese Übung ist besonders anregend, weil Sie dabei keine Worte benutzen, sondern hauptsächlich in Bildern denken. So werden ganz andere Hirnareale aktiv.

Kaufen Sie sich verschiedene Zeitschriften am Kiosk. Nehmen Sie sich ein wenig Zeit, ein großes weißes Blatt, eine Schere und einen Klebestift. Und dann blättern, schneiden und kleben Sie wild darauf los. Und zwar eine Collage, wie Sie sich Ihr ideales Berufs- und Arbeitsleben vorstellen. Fragen Sie sich nicht, was möglich und was unmöglich scheint. Gehen Sie intuitiv vor und nehmen Sie die Bilder und Symbole, von denen Sie sich spontan angesprochen fühlen. Vielleicht sind das Bilder von schnellen Autos oder von einer schönen Büroeinrichtung, von Pflanzen, Tieren oder Menschen, von fremden Ländern oder von Computern? Vielleicht aber auch ganz andere Bilder. Sobald Ihre Collage fertig ist, können Sie sie mit Abstand betrachten und schauen, welche Motive, Bilder und Symbole Sie verwendet haben? Was könnte dahinterstecken? In welchen Berufen, in welchen Branchen, Unternehmen, Tätigkeitsfeldern und Positionen finden Sie ähnliche Bilder? Diskutieren Sie Ihre Collage auch mit Freunden und Verwandten. Im Gespräch strukturieren sich Ihre Gedanken und Sie erhalten neue Impulse und neue Ideen. Notieren Sie sich hier die wesentlichen Erkenntnisse dieser Übung.

Übung 3 — Mit wem würden Sie tauschen?

Mit wem würden Sie gern den Beruf, die Tätigkeit oder auch nur den Arbeitgeber tauschen? Schreiben Sie die Namen von fünf Menschen aus Ihrem Verwandten-, Freundes- und Bekanntenkreis auf, die Sie gut kennen. Hinter jeden einzelnen Namen notieren Sie den Beruf und die Tätigkeit der jeweiligen Person. Und jetzt wählen Sie: Mit welcher Person würden Sie am allerliebsten den Beruf und die Tätigkeit tauschen? Und mit wem würden Sie an zweiter (dritter, vierter und fünfter) Stelle tauschen. Warum? Was zieht Sie an dem jeweiligen Berufsbild und der jeweiligen Tätigkeit besonders an?

Gehen Sie danach einen Schritt weiter und überlegen Sie, welche Ihrer Vorstellungen Sie in dem jeweiligen Beruf und der dazugehörigen Tätigkeit wiederfinden.

Notieren Sie so detailliert wie möglich. Beachten Sie z. B. die folgenden Punkte:

- Arbeitszeiten,
- Gehalt,
- Weg zur Arbeit,
- Arbeitskleidung,
- Arbeitsplatzsicherheit,
- Perspektive,
- Entwicklungsmöglichkeiten,
- Ansehen in der Öffentlichkeit,
- Aufgaben und Verantwortung,
- Position im Unternehmen,
- Gestaltungs- und Einflussmöglichkeiten,
- Kollegen,
- Vorgesetzte,
- Branche.

Wenn ich könnte, wie ich will, würde ich tauschen mit ...

	Name	Beruf	Tätigkeit	Was zieht mich daran an?	Mit wem würde ich am liebsten tauschen?
1					
2					
3					
4					
5					

Träume ernst nehmen

Vorstellungen

Indem Sie Ihre Träume aufschreiben, entwickeln Sie bereits ein erstes Gefühl dafür, was für Sie wirklich wichtig ist. Beispielsweise: mehr Freiheit, mehr Abenteuer, mehr Anerkennung, mehr Sinn, mehr Geld oder mehr Sicherheit. Und Sie spüren vielleicht auch schon, dass in Ihren Fluchtträumen all das gleichzeitig möglich ist, was in der Realität einfach nicht unter einen Hut zu bringen ist. Zum Beispiel ein aufregendes Leben als Weltumsegler, um das Sie viele Menschen beneiden, das Sie erfüllt und das Ihnen gleichzeitig einen sicheren, guten Lebensunterhalt garantiert.

Aber keine Sorge. Den allermeisten Menschen geht es mit den meisten Fluchträumen so: Die Realität sieht anders aus. Der Sinn von Fluchtträumen ist es aber auch gar nicht, sie wirklich umzusetzen, sondern einen mentalen Fluchtpunkt zu haben, der entlastet und vieles im Alltag erträglicher macht. Fluchtträume geben uns ein gutes Gefühl und Sicherheit.

Denn bei Fluchtträumen denken wir nicht an die Anstrengung und nicht an das Risiko. Wir denken nicht an den Weg der Realisierung und dass dieser Weg auch steinig ist. Wir sehen nur das Ergebnis und den Erfolg: die florierende Tauchschule in Thailand, wo immer die Sonne scheint und gut gelaunte Menschen fröhlich und dankbar sind, dass sie tauchen lernen – und dafür zahlen. Wir schauen unseren Fluchttraum an wie ein Urlaubsfoto, eine Momentaufnahme vom wahren und reinen Glück. Schwierigkeiten blenden wir aus. Wir sehen weder die Investitionen noch die lästige Bürokratie bei der Gründung einer Tauchschule im Ausland. Wir sehen auch nicht die Monsunzeit mit viel Regen und wenigen Touristen. Vor dem Risiko der Pleite verschließen wir die Augen gänzlich. In unseren Fluchtträumen gibt es weder Risiko noch Anstrengung. Deshalb machen sie uns keine Angst und deshalb sind sie auch so angenehm. Wichtig ist allerdings, dass wir uns dessen bewusst sind, dass sich durch unsere Fluchtträume nichts an dem verändern wird, was uns unzufrieden macht. Im Gegenteil.

Fangen Sie mit den Dingen an, die Sie ändern können!

Wer sich lediglich in seinen Fluchtträumen aufhält, läuft Gefahr, sein Leben jetzt zu verpassen. Denn er nimmt sich die Chance, zu erkennen, dass es jetzt etwas gibt, was er ändern kann. Wenn wir wollen, dass sich etwas ändert, dann müssen wir etwas verändern. Und erstaunlicherweise bekommen wir oft kalte Füße, sobald wir merken, dass wir sehr wohl Einfluss auf die vermeintlich kleinen alltäglichen Dinge haben und diese Dinge auch ändern könnten. Oft scheuen wir uns vor der notwendigen Anstrengung und wir haben Angst vor den Konsequenzen. Deshalb wagen wir uns lieber an unsere Fluchtträume als an die wirklich veränderbaren Dinge in unserem Leben, die wir täglich aufs Neue angehen könnten.

Erfahrungsgemäß sind radikal andere Lebensentwürfe, wie sie in unseren Fluchtträumen vorkommen, in den wenigsten Fällen wirklich umsetzbar. Wie sollten wir auch von heute auf morgen ein neues Leben beispielsweise als Tauchlehrerin in Thailand, als Weltumsegler, als Fotojournalistin, als erfolgreicher Rockstar oder als Rennfahrer beginnen? Um diese Vorstellungen wirklich zu realisieren, bräuchten wir eine längere Vorbereitungszeit, einen Plan, vielleicht eine neue Ausbildung, Mut und Entscheidungskraft, eine Menge Durchhaltevermögen und hohe Risikobereitschaft. Denn anders als die Umsetzung der tatsächlich änderbaren Dinge im Alltag wäre die Umsetzung eines Fluchttraums sehr riskant.

Aber wir können unsere Fluchtträume dazu nutzen, um herauszufinden, was uns im Leben wirklich wichtig ist. Was wir brauchen und was wir wollen, um zufrieden und glücklich zu sein. Filtern Sie aus Ihren Träumen die Teile heraus, die Sie im wahren Leben zu einem Gesamtbild Ihrer beruflichen Neuorientierung zusammensetzen können. Finden Sie mit den nächsten sieben Übungen heraus, was hinter Ihren Träumen steckt.

Übung 4   **Was steckt hinter Ihren Träumen?**

Schauen Sie jetzt, welche Informationen hinter
Ihren Fluchtträumen stecken.
Nehmen Sie sich 15 Minuten Zeit und antworten
Sie auf die folgenden Fragen.

Wo bin ich in meinen Fluchtträumen?

Was mache ich?

Welche Menschen umgeben mich?

Für wen ist das, was ich mache, wichtig?

Wie viel soziale Anerkennung erhalte ich?

**Wie frei kann ich entscheiden, was ich wann,
mit wem und wo mache?**

**Welche Rolle spielt für mich das Abenteuer, das
Neue, die persönliche Weiterentwicklung?**

Welche Rolle spielt Geld?

Welchen Lebensstil pflege ich?

Halten Sie sich diese Antworten bei Ihrer beruflichen Neuorientierung immer vor Augen.

Träume ernst nehmen

Übung 5 **Wie sieht Ihr idealer Arbeitstag aus?**

Gestalten Sie sich einen idealen Arbeitstag, an dem Sie genau die Dinge in der Art und Weise machen, wie Sie es sich vorstellen und wie es für Sie gut ist. In Ihrer Vorstellung gibt es keine Grenzen! Erlauben Sie sich bewusst und ohne Einschränkung, ein ideales Berufs- und Arbeitsleben selbst zu gestalten. Führen Sie sich dazu in den nächsten 15 Minuten möglichst detailliert Ihren idealen Arbeitstag vor Augen. Vom Aufwachen bis zum Einschlafen. Lassen Sie Ihrer Fantasie freien Lauf, auch wenn einiges unmöglich erscheint.

Mein idealer Arbeitstag beginnt damit, dass ...

Was genau arbeite ich?

Wo arbeite ich?

Mit wem arbeite ich?

Wie lange arbeite ich?

Wie viel Geld verdiene ich?

Wann mache ich Pausen?

Übung 6 **Was ist Ihnen bei der Arbeit wichtig?**

Werten Sie jetzt die Fantasie über Ihren idealen Arbeitstag aus. Was ist für Sie unverzichtbar, was wünschenswert und was doch eher unwichtig? Lesen Sie dafür die Beschreibung Ihres idealen Arbeitstages noch einmal durch. Notieren Sie sich in den nächsten 15 Minuten einige Stichworte. Damit beschreiben Sie zunehmend konkreter das Ziel Ihrer beruflichen Neuausrichtung und Sie bahnen sich den Weg, den Sie später gehen werden.

Unverzichtbar ist für mich ...

_____

_____

_____

_____

_____

Wünschenswert ist für mich ...

_____

_____

_____

_____

_____

Eher unwichtig ist für mich ...

_____

_____

_____

_____

_____

_____

_____

Träume ernst nehmen

Was erzählen Sie einem guten Freund?

Mein Brief an einen Freund

Eine gute Möglichkeit, mehr Klarheit über die eigene berufliche und private Zukunft zu erhalten, ist es, einen Brief zu schreiben. Und zwar an einen fiktiven Freund. Stellen Sie sich vor, Sie hätten lange nichts von ihm gehört und bereits alles getan, um Ihre berufliche Neuorientierung umzusetzen. Sie arbeiten seit einigen Monaten sehr zufrieden und glücklich in Ihrem idealen Beruf und an Ihrem idealen Arbeitsplatz.

Versuchen Sie sich in diese Situation möglichst gut hineinzuversetzen. Lassen Sie Ihren Gedanken freien Lauf und zensieren Sie noch nichts. Der Realitätscheck kommt später. Wichtig ist, dass Sie Ihre Gedanken wirklich aufschreiben. Dadurch unterbrechen Sie das Grübeln über Ihre Zukunft! Nehmen Sie sich dazu 15 Minuten Zeit. Beschreiben Sie möglichst genau, wie Sie leben, was Sie beruflich und privat machen. Alles, was Ihnen einfällt, ist erlaubt. Führen Sie den folgenden Briefanfang weiter.

Beispielbrief an einen Freund

Liebe/-r ...,
schon lange her, dass wir uns das letzte Mal gesehen haben. Einige Jahre sind vergangen und bei mir hat sich sehr viel getan. Ich bin richtig glücklich und zufrieden. Schon seit einiger Zeit habe ich die Arbeit gefunden, die mir viel Spaß macht. Das berufliche und private Umfeld stimmt. Ich arbeite jetzt als ... in ... und mache ...

Übung 8	Was macht Sie bei der Arbeit zufrieden?

Filtern Sie nun aus Ihren Zeilen die wesentlichen Faktoren heraus, die dazu beitragen, dass Sie in Ihrem Berufs- und Arbeitsleben zufrieden und glücklich sind.

Nehmen Sie sich wieder 15 Minuten Zeit. Suchen Sie nach Aussagen zu konkreten Punkten wie:

- Branche und Unternehmensstruktur,
- Tätigkeitsfeld und Position,
- Arbeitsaufgaben,
- Arbeitsort, -zeit, -entgelt,
- Vorgesetzte und Kollegen,
- Arbeitsplatzsicherheit,
- Perspektive,
- Entwicklungsmöglichkeiten,
- Sinnhaftigkeit des Tuns.

Mit dieser Übung ändern Sie Ihre Blickrichtung. Sie haben sich vorgestellt und beschrieben, wie es ist, bereits ein zufriedenes Arbeitsleben zu führen. Und Sie haben Ihre ganz persönlichen Zufriedenheitsfaktoren benannt, die Sie in einem glücklichen Arbeitsleben tagtäglich spüren.

Bei meiner Arbeit macht mich zufrieden ...

Branche und Unternehmensstruktur

Tätigkeitsfeld und Position

Arbeitsaufgaben

Arbeitsort, -zeit, -entgelt

Vorgesetzte und Kollegen

Arbeitsplatzsicherheit

Perspektive

Entwicklungsmöglichkeiten

Sinnhaftigkeit des Tuns

Weitere Faktoren

Träume ernst nehmen

Übung 9 | **Wie war Ihr Berufs- und Arbeitsleben?**

Die Rede zu meinem Abschied

Diese Übung kann sehr emotional werden, denn es geht darin um Abschied. Versetzen Sie sich in die Situation Ihres letzten Arbeitstages. Ihnen zu Ehren wird eine Abschiedsfeier organisiert. Ein Arbeitskollege, mit dem Sie schon lange Jahre zusammenarbeiten und mit dem Sie befreundet sind, wird eine Abschiedsrede für Sie halten. Er wird auf Ihr Berufs- und Arbeitsleben zurückschauen. Was soll in der Rede über Sie und Ihr Arbeitsleben gesagt werden?
Nehmen Sie sich 15 Minuten Zeit und schreiben Sie die Rede, die über Sie gehalten werden soll, wenn Sie in Rente gehen.

Beispielrede zum Abschied

Mein(e) liebe(r) ...,
heute ist dein letzter Arbeitstag. Nach einem erfüllten Berufs- und Arbeitsleben stehst du heute hier ...

Übung 10 Was soll am Ende übrig bleiben?

Was ist es, das Ihnen in Ihrem Berufs- und Arbeitsleben im Nachhinein wichtig gewesen sein wird? Was ist es, das am Ende übrig bleiben soll? Vielleicht, dass Sie

- Karriere gemacht haben?
- über ein langes Arbeitsleben hinweg gesund geblieben sind?
- das Gleichgewicht zwischen Ihrem Privatleben und der Arbeit halten konnten?
- in Ihrem Arbeitsleben Menschen geholfen haben?
- genug Geld verdient haben, um ein sorgenfreies Leben zu führen?
- in Ihrem Berufsleben viel Spaß hatten?
- herausfordernde Aufgaben erfolgreich gemeistert haben?
- etwas Bleibendes geschaffen haben?

Notieren Sie in den nächsten 15 Minuten, worauf Sie gern zurückschauen möchten.

Darauf möchte ich am Ende meines Arbeitslebens gern zurückschauen:

Träume ernst nehmen

◼ Interessen

Wenn wir etwas aus Interesse machen, dann fließt unsere Energie von ganz allein. Wir müssen uns nicht dazu überwinden, das zu tun, was uns wirklich interessiert. Erstaunlicherweise finden diese Tätigkeiten oft in unserer Freizeit statt. Ebenso erstaunlich ist, dass wir häufig denken, dass sich daraus unmöglich ein Beruf oder eine existenzsichernde Arbeit machen lässt. Woran liegt das?

- ◼ Wir sehen die beruflichen Möglichkeiten nicht, die hinter unseren Interessen stecken.
- ◼ Wir wissen nicht, wie wir die Möglichkeiten, die wir haben, umsetzen können.
- ◼ Wir haben schlicht Angst davor, dass etwas schiefgehen könnte und trauen uns nicht.

Zugegeben, der Arbeitsmarkt des 21. Jahrhunderts ist unübersichtlich geworden. In vielen Berufs- und Arbeitsfeldern verschwinden klar umrissene Tätigkeitsbeschreibungen, die einem konkreten Berufsbild zugeordnet werden könnten. Neue Technologien und globale Märkte beschleunigen ganze Branchen. Berufe verschwinden (z. B. Schriftsetzer), neue kommen hinzu (z. B. Fachangestellte für Medien und Informationsdienste) und Aufgaben verändern sich (aus der Empfangsdame wird z. B. der Front Officer, der fast schon Managerkompetenzen mitbringen muss). In dieser Entwicklung steckt jedoch auch eine Chance. Quereinsteiger haben es heute sehr viel leichter, die Branche und das Tätigkeitsfeld, manchmal sogar den Beruf und die Aufgaben zu wechseln. Doch zunächst gilt es, die wahren Interessen herauszukristallisieren. Damit sind nicht flüchtige Neigungen gemeint, sondern Themen und Aufgaben, die Sie schon lange interessieren, Dinge, die Sie oft machen, die Sie gut machen und mit denen Sie auch schon Ergebnisse, vielleicht sogar Erfolge hatten. Sobald Sie ein, zwei, vielleicht drei solcher Interessen benennen können, geht es darum, zu schauen, welche Übereinstimmungen es mit welchen Berufs- und Arbeitsfeldern gibt. Wie die tatsächliche Umsetzung funktioniert, ist in vielen Fällen im Internet oder bei Beratungsstellen herauszufinden. Schwieriger ist es, den Mut zu haben, ein neues Berufsziel zu definieren und die Entscheidung zu treffen, es anzugehen. Aber dazu kommen wir später, im dritten und vierten Kapitel.

Reiner, 34 Jahre alt, Mechaniker, hatte den Mut, ein neues Berufsziel zu definieren und sich dafür zu entscheiden:

Reiner, 34 Jahre, Mechaniker

Reiner hat nach der mittleren Reife eine Ausbildung zum Industriemechaniker absolviert. Damals dachte er nicht darüber nach, womit er beruflich glücklich werden könnte. Und so arbeitet er seit 15 Jahren im Schichtdienst für einen US-amerikanischen Konzern in der Instandhaltung. Zufriedenheit? Glück?
Okay, das Geld stimmt, aber Reiner fühlt sich schon lange fehl am Platz. Der Umgangston ist ruppig, die Arbeit mit Werkzeugen und Maschinen macht ihm nicht wirklich Spaß und als sein Arbeitgeber ankündigt, dass der deutsche Standort geschlossen wird, stellt sich Reiner die Frage: Weiter wie bisher oder etwas ganz anderes machen? Nur was?
In seiner Freizeit engagiert sich Reiner ehrenamtlich beim Deutschen Roten Kreuz, wo er auch seinen Zivildienst absolviert hat. Er organisiert und leitet Erste-Hilfe-Kurse. Dabei schaut er nicht auf die Uhr. Ganz anders als an der Maschine. Er bekommt viel Anerkennung für seinen Einsatz, seine Fähigkeit, medizinisches Wissen praktisch zu vermitteln, und für seine freundliche Art. Und so formuliert Reiner daraus einen konkreten Berufswunsch: »Ich will Rettungsassistent werden«. Wie er bei der Umsetzung seiner beruflichen Neuorientierung vorgehen sollte, erfährt Reiner wenige Mausklicks später. Im Internet recherchiert er nach Ausbildungsinstituten und den Voraussetzungen für den Ausbildungsgang. Und mit Mut und Plan B, dass er mit seinen 34 Jahren als Mechaniker immer einen Arbeitsplatz in der Industrie finden kann und zudem durch eine Abfindung einen finanziellen Puffer hat, entscheidet er sich für einen Neuanfang. Reiner meldet sich für die Ausbildung zum Rettungsassistenten an.

Übung 11   **Was machen Sie in Ihrer Freizeit am liebsten?**

Das, was Sie arbeiten wollen, die Tätigkeiten und konkreten Aufgaben, hängt von Ihren Neigungen und Interessen ab. Erstaunlicherweise gehen viele Menschen ihren wahren Neigungen und Interessen eher in der Freizeit als bei der Arbeit nach. Deshalb schauen wir zunächst auf diesen Lebensbereich.
Nehmen Sie sich wieder 15 Minuten Zeit und beantworten Sie die folgenden Fragen.

Welche Tätigkeiten mache ich in meiner Freizeit am liebsten?

Über welchen Tätigkeiten verliere ich jegliches Zeitgefühl?

Welche Ergebnisse, welche Erfolge habe ich damit schon erzielt?

Träume ernst nehmen

Übung 12 Wo ist der rote Faden in Ihrem Leben?

Suchen Sie in Ihrem bisherigen Leben nach Ihren Neigungen und Interessen. Forschen Sie in Ihrer Vergangenheit nach den Dingen, die Sie schon immer interessieren.

Nehmen Sie sich wieder 15 Minuten Zeit und nutzen Sie die folgenden Fragen als Anregung. Gibt es vielleicht Interessen, die sich durch Ihr gesamtes Leben ziehen? Sprechen Sie mit Freunden darüber. Das gibt Ihnen Struktur und Sicherheit.

Womit habe ich als Kind am liebsten gespielt?

Puppen, Spielautos, Bauklötze, Plüschtiere, Experimentierkästen, Lego, Computerspiele, Gameboy, Gesellschaftsspiele?

_____

_____

Welche Schulfächer haben mir besonders Spaß gemacht?

Technisch-naturwissenschaftliche Fächer wie Physik, Werken, Computer oder Fächer wie Biologie, Geschichte, Sprachen oder Sport, Musik?

_____

_____

Habe ich lieber allein oder mit anderen gespielt und gelernt?

_____

_____

Welche Berufswünsche hatte ich als Kind, welche als Jugendlicher?

_____

_____

Worüber rede ich gern?

_____

_____

Welche Medieninhalte interessieren mich?

Welche Zeitschriften, Bücher, Fernsehsendungen, Internetseiten?

_____

_____

Wer beeindruckt mich?

_____

_____

Was würde ein guter Freund sagen, was mich wirklich interessiert?

_____

_____

Was würde ich machen, wenn ich wüsste, dass es nicht schiefgehen kann?

_____

_____

Was würde ich machen, wenn ich wüsste, dass ich noch zehn Jahre zu leben habe?

_____

_____

Unsere Interessen spielen eine zentrale Rolle bei der beruflichen Neuorientierung, denn Interessen zeigen uns den Weg zu den Berufen, den Branchen, den Tätigkeitsfeldern und den Aufgaben, in denen wir einen Sinn sehen und in denen wir uns wohlfühlen werden. Die Kunst ist es, Brücken zwischen den Interessen auf der einen Seite und den Aufgaben, Tätigkeitsfeldern, Branchen und Berufen auf der anderen Seite zu bauen.

So wie Reiner, der Mechaniker, der herausgefunden hat, dass ihn Menschen mehr interessieren als Maschinen, und der sich vom Industriemechaniker zum Rettungsassistenten entwickeln will. Reiners Interesse für Menschen und Medizin hat ihn zielsicher

- aus dem Berufsbild des Industriemechanikers in einem profitorientierten US-Unternehmen der Maschinenbaubranche und dem Tätigkeitsfeld der Instandhaltung mit den Aufgaben der Maschinenwartung und -reparatur
- in eine nicht profitorientierte Organisation innerhalb der Gesundheitsbranche und in das Tätigkeitsfeld der Lebensrettung mit den Aufgaben der Ersten Hilfe geführt.

Ein Berufswechsel stellt mit die größte Veränderung bei der beruflichen Neuorientierung dar und will deshalb gut überlegt sein. Denn dafür ist, wie bei Reiner, oft eine zeit-, geld- und energieaufwendige Aus- oder Weiterbildung erforderlich. Eine gute Quelle für Informationen, welche Berufe es überhaupt gibt und wie aufwendig es ist, sie zu erlernen, bietet die Datenbank »BERUFENET« der Bundesagentur für Arbeit: http://www.berufenet. arbeitsagentur.de/berufe.

Wer bei seiner beruflichen Neuorientierung mit dem Gedanken spielt, einen ganz neuen Beruf zu erlernen, findet im dritten Kapitel »Hindernisse überwinden« weitere wertvolle Hinweise.

Aber nicht jeder, der sich beruflich neu orientiert, will oder kann gleich einen ganz anderen Beruf erlernen. Eine berufliche Neuorientierung kann auch darin bestehen, das Tätigkeitsfeld zu wechseln und damit die Aufgaben, beispielsweise von der Assistentin im Marketing zur Assistentin im Vertrieb, weil das die Möglichkeit bietet, mit Kunden direkt im Kontakt zu sein, statt lediglich Daten von Kundenbefragungen auszuwerten. Oder von der Sachbearbeiterin in der Debitoren-

buchhaltung zur Sachbearbeiterin im Controlling zu wechseln, weil dort Unternehmensdaten analysiert und ausgewertet, nicht aber Vorgänge verwaltet werden müssen. Vielleicht ist es aber auch die Neuausrichtung vom Referenten in der Personalabteilung hin zum Assistenten im Einkauf, weil hier statt des Arbeits- und Sozialversicherungsrechts das Verhandeln und Vertragschließen im Vordergrund steht. Solche Wechsel sind leichter zu schaffen als Berufswechsel. Häufig ist dafür, wenn überhaupt, nur eine berufsbegleitende Weiterbildung als Sprungbrett nötig.

Wieder andere Menschen sind mit ihrem erlernten Beruf, dem Tätigkeitsfeld und den Aufgaben ganz zufrieden, wollen jedoch die Branche wechseln, weil das, was der Arbeitgeber an Produkten oder Dienstleistungen verkauft, nicht ihren Vorstellungen und Interessen entspricht. Auch hier helfen die eigenen Interessen, eine Branche zu finden, die besser zu einem passt bzw. zu der man besser passt. Zum Beispiel die Kauffrau im Vertriebsinnendienst eines Unternehmens, das Bürstenköpfe herstellt: Der häufige Kundenkontakt am Telefon macht ihr Spaß, aber der Inhalt der Kundenberatung, die technischen Details der 365 verschiedenen Bürstenköpfe, hat wenig mit ihren eigenen Interessen zu tun. Was die Kauffrau wirklich interessiert und worüber sie Kunden beraten will, sind medizinische Inhalte. Alles, was dazu beiträgt, dass es Menschen besser geht, fasziniert sie. Ihr Interesse führt dazu, dass sich die Kauffrau in Ihrer Freizeit bereits seit vielen Jahren mit dem Thema Medizin beschäftigt. Damit ist schon eine Zuordnung möglich: Denn es gibt viele Unternehmen in der Pharma-, Medizintechnik- und Gesundheitsbranche und viele haben einen Vertriebsinnendienst. Der Branchenwechsel lässt sich für die Kauffrau ohne Weiterbildung realisieren.

Träume ernst nehmen

Bedürfnisse

Auf den letzten Seiten haben Sie bereits einige wichtige Informationen über sich selbst gesammelt. Sie haben Ihre Vorstellungen von einem guten Leben präzisiert und Ihre Interessen identifiziert. Schauen wir jetzt einmal genauer, woher diese Vorstellungen eigentlich kommen und welche Bedürfnisse dahinterstecken.

Unsere Vorstellungen vom Leben entstehen in der Kindheit, in der Jugend und im Erwachsenenalter, und es gibt drei Quellen, die unsere Bilder im Kopf speisen.

Quellen unserer Vorstellungen

Vorbilder
- im sozialen Umfeld: Eltern, Verwandte, Bezugspersonen, Freunde
- im Ausbildungs- bzw. Arbeitsumfeld: Lehrer, Chefs, Kollegen
- im kulturellen Umfeld: prominente Sportler, Künstler, Politiker

Sozialer Vergleich
- mit Menschen in unserem Umfeld, z. B. Nachbarn, Arbeitskollegen
- mit Menschen aus der Werbung, z. B. Models, Sportler

Erwartungen anderer
- der Eltern, des Partners, der Freunde
- der Vorgesetzten, der Kollegen

Oft werden wir in unseren Vorstellungen vom Leben und bei unseren Interessen durch die Menschen in unserem Umfeld bewusst beeinflusst. In den Kinder- und Jugendjahren sind es unsere Eltern und andere Bezugspersonen, die erwarten, dass wir brav, artig und folgsam das machen, was sie sich vorstellen. Später kommen Lehrer und Ausbilder, Kollegen und Chefs dazu. Und sie alle haben klare Vorstellungen davon, wie wir sein und was wir tun sollen. In diesem Gebäude der unterschiedlichen Erwartungen ist es nicht immer einfach, den Blick auf unsere eigenen Vorstellungen vom Leben und auf unsere eigenen Interessen zu richten.

Irreführend können auch Vergleiche mit anderen sein. Mit dem, was sie haben, mit dem, was sie machen, und mit dem, wie sie sind. Wir bewerten uns im Vergleich zu diesen Menschen. Wir fühlen uns z. B. schlecht, wenn wir nicht mindestens genauso viel verdienen wie unser Arbeitskollege oder wenn unsere Karriere weniger steil verläuft, als die unserer Kommilitonen aus dem Studium. Im Fernsehen und im Internet werden wir mit unendlich vielen Idealbildern zu Beruf und Karriere, zur Familie und zur Freizeitgestaltung bombardiert. Und mit diesen Idealbildern vergleichen wir uns. Die Neigung dazu ist durchaus sinnvoll, damit wir uns entwickeln, uns Ziele setzen, uns für etwas interessieren und diesen Interessen und Zielen auch nachgehen. Der ständige soziale Vergleich mit unerreichbaren Idealbildern kann aber auch dazu verleiten, eine Richtung einzuschlagen, die einfach nicht zu uns und unseren Bedürfnissen passt. Dann fühlen wir uns getrieben, unglücklich und wenig erfüllt.

Die dritte Quelle unserer Interessen und Vorstellungen von einem guten Leben sind Menschen in unserem Umfeld, die uns beeindrucken und begeistern und die wir frei wählen. Das kann die Geografielehrerin sein, die selbst die entferntesten und exotischsten Länder der Welt bereist hat und ihre Fotos im Unterricht zeigt. Oder ein Schauspieler, der dazu inspiriert, selbst eine Schauspielausbildung zu absolvieren. Menschen und Persönlichkeiten, die wir als Vorbilder sehen, üben eine große inspirierende Kraft auf uns aus. Diese Kraft können wir für unsere berufliche Neuorientierung nutzen.

Versuchen Sie auseinanderzuhalten, welche Vorstellungen vom Leben und Interessen Ihre eigenen sind und welche aus den Erwartungen anderer oder aus einem Vergleich mit unerreichbaren Idealbildern entstanden sind.

Übung 13 **Woher kommen Ihre Vorstellungen und Ihre Interessen?**

Haben Sie Ihre Vorstellungen und Interessen frei gewählt? Welche Rolle spielen bei Ihnen die Erwartungen anderer, der Vergleich mit Idealbildern? Warum es wichtig ist, ob wir unseren eigenen Vorstellungen und Interessen folgen oder den Interessen und Vorstellungen anderer? Nun, wenn Sie sich bei Ihrer beruflichen Neuorientierung Ziele setzen, die eigentlich gar nichts mit Ihnen und Ihren Bedürfnissen zu tun haben, sondern mit den Erwartungen anderer oder dem Druck des sozialen Vergleichs, dann leben Sie gegen Ihre Bedürfnisse. Das kann nicht zufrieden und glücklich machen.
Notieren Sie Ihre Antworten zu den folgenden Punkten.

Diese Menschen sehe ich als Vorbild an, weil ...

Mit diesen »idealen« Menschen vergleiche ich mich hinsichtlich ...

Diese Menschen erwarten etwas von mir und zwar ...

27

Träume ernst nehmen

Wer sich beispielsweise eine Führungskarriere zum Ziel setzt – weil das der Vater erwartet oder weil man sich mit einem Studienkollegen vergleicht –, im Grunde seines Herzens jedoch ein konfliktscheuer Mensch ist, dem Harmonie sehr viel bedeutet, der manövriert sich wahrscheinlich ins Unglück.

Denn eine Führungskraft muss Entscheidungen treffen, die nicht jedem gefallen. Eine Führungskraft steht häufig in der Schusslinie und braucht Konfliktbereitschaft. Eine Führungskraft wird nicht von allen Mitarbeitern gemocht und muss Disharmonie aushalten wollen und können. Und Führung bedeutet, nicht inhaltlich an einem Thema zu arbeiten, sondern die Rahmenbedingungen zu schaffen, dass Mitarbeiter effizient arbeiten können.

Achten Sie bei Ihrer beruflichen Neuorientierung darauf, dass Ihre Ziele zu Ihren Bedürfnissen passen. Da uns unsere Bedürfnisse erfahrungsgemäß nicht sehr bewusst sind, schauen wir einmal genauer hin. In der Psychologie unterscheidet man zwischen biologischen und sozialen Bedürfnissen:

Unsere Bedürfnisse

Biologische Bedürfnisse
- Hunger, Durst, Schlaf, Sexualität

Soziale Bedürfnisse
- Anschlussbedürfnis: Streben nach Geborgenheit, Geselligkeit, Freundschaft, Uneigennützigkeit, Zuneigung, Familie, Partnerschaft, Intimität
- Machtbedürfnis: Streben nach Einfluss, Gestaltung, Kontrolle, Dominanz, Status, Geld, Unabhängigkeit
- Leistungsbedürfnis: Streben nach Anerkennung, Wettbewerb, Entwicklung, Entfaltung, Erfüllung, Selbstverwirklichung, Selbstwirksamkeit

Unsere biologischen Bedürfnisse sind uns bereits in die Wiege gelegt und sie treiben unser Handeln an.

Unser evolutionsbiologisches Erbe ist dafür verantwortlich, dass wir z. B. Schlaf zur Regeneration und Nahrung als Energiequelle brauchen. Unsere sozialen Bedürfnisse prägen sich zwar später aus als unsere biologischen Bedürfnisse, treten aber dennoch sehr früh in unserem Leben auf und unterscheiden sich je nach Individuum. Und wenn wir im Alter von fünf bis sieben Jahren unser persönliches Muster an Bedürfnissen entwickelt haben, verändert sich dieses Muster – anders als unsere Vorstellungen von einem guten Leben und unsere Interessen – im Lauf der Zeit kaum mehr.

Unser Anschlussbedürfnis stellt sicher, dass wir uns mit anderen zusammenschließen, weil wir als Teil einer Gruppe bessere Überlebenschancen haben. Das Machtbedürfnis trägt dazu bei, dass wir uns in der Gruppe behaupten und unsere Fortpflanzungspartner finden. Und das Leistungsbedürfnis sorgt dafür, dass wir uns entwickeln und mit den Veränderungen in unserer Umwelt Schritt halten können.

Es ist wichtig zu wissen, dass wir unsere Bedürfnisse nicht bewusst steuern können. Wir können uns nicht einfach entscheiden, ab morgen weniger Harmoniebedürfnis zu haben oder ab nächsten Montag ein höheres Machtbedürfnis zu entwickeln. Und da unsere Bedürfnisse eine so zentrale Rolle für ein zufriedenes Berufs- und Arbeitsleben spielen, lohnt es sich, ihre Fährte aufzunehmen.

Thomas, 45 Jahre alt, Industriekaufmann im Rechnungswesen, hat das getan:

Thomas, 45 Jahre, Industriekaufmann

Thomas war fast zwei Jahre unzufrieden in seinem Job als Sachbearbeiter im Rechnungswesen. Er hatte berufsbegleitend eine Weiterbildung im Controlling absolviert und den Wunsch, mehr Verantwortung zu übernehmen. Bei seinem alten Arbeitgeber gab es keine Möglichkeiten dafür.

Deshalb wechselte er zu einer neuen Firma und auf eine neue Position als Teamleiter im Controlling. Ihm wurde die fachliche Personalverantwortung für fünf Mitarbeitende übertragen. Zunächst dachte er, dass es genau das sei, was er will: mehr Verantwortung.

Doch schon nach kurzer Zeit fühlte er sich unwohl. Statt seine neuen Controlling-Kenntnisse einzusetzen, war er damit beschäftigt, Konflikte im Team auszugleichen und auszuhalten. Er führte Mitarbeitergespräche, plante den Personaleinsatz, berichtete an seinen Abteilungsleiter, griff ein, wenn es Unstimmigkeiten unter seinen Mitarbeitenden gab, und versuchte, es allen recht zu machen. Als harmoniebedürftiger Mensch litt er zunehmend unter den Konflikten und der schlechten Stimmung im Team.

Mithilfe eines Coachs fand Thomas heraus, dass er sein Anschlussbedürfnis unterschätzt hat. Thomas wechselte erneut den Arbeitgeber und die Position. Heute arbeitet er wieder als Sachbearbeiter ohne Personalverantwortung, allerdings im Controlling und mit mehr inhaltlicher Verantwortung. Er kann seine neuen Kenntnisse und Fähigkeiten aus der Weiterbildung nutzen, ist Teil eines Teams und zufrieden.

Prüfen Sie Ihre Bedürfnisstruktur! Anhand der 30 Fragen des Fragebogens auf der nächsten Seite können Sie einen guten Eindruck davon bekommen, welche persönlichen Bedürfnisse Sie in Ihrer Arbeit befriedigen sollten, damit Sie zufrieden sein können.

Besprechen Sie Ihre Selbsteinschätzung unbedingt auch mit Freunden und vielleicht auch mit der Familie. So erhalten Sie eine Fremdeinschätzung Ihrer Bedürfnisse, die Sie mit Ihrer eigenen Beurteilung vergleichen können. Damit strukturieren Sie Ihre Gedanken und schärfen Ihren Blick.

Träume ernst nehmen

Erstellen Sie Ihr Bedürfnisprofil

Nach Ihren Vorstellungen und Ihren Interessen geht es jetzt um Ihre Bedürfnisse. Diese sind deshalb so wichtig, weil sie Ihnen zeigen, mit welchen Arbeitgebern in welchen Branchen und Unternehmensstrukturen, mit welcher Arbeit in welchen Tätigkeitsfeldern und Positionen und mit welchen Aufgaben Sie zufrieden werden können.

Mit der folgenden Selbsteinschätzung können Sie sich Ihre Bedürfnisse bewusst machen. Die 30 Fragen sind an Fragebögen zur Selbsteinschätzung angelehnt, die in der psychologischen Persönlichkeitsdiagnostik eingesetzt werden.

Es gibt keine richtigen oder falschen Antworten! Überlegen Sie also nicht, was den besten Eindruck machen könnte. Sie profitieren am meisten davon, wenn Sie spontan und ehrlich ankreuzen.

Meine Bedürfnisse	trifft nicht zu	trifft manchmal zu	trifft ganz zu
1. Ich bin gern mit anderen Menschen zusammen.			
2. Ich suche die Nähe anderer Menschen.			
3. Ich nutze Gelegenheiten, um mit anderen ins Gespräch zu kommen.			
4. Ich unternehme gern etwas gemeinsam mit anderen.			
5. Ich arbeite bevorzugt mit anderen im Team.			
6. Für mich ist ein sicherer Arbeitsplatz wichtig.			
7. Ein geregeltes Einkommen ist mir wichtig.			
8. Eine sichere Zukunft ist mir wichtig.			
9. Ich habe Angst vor Arbeitslosigkeit.			
10. Ich habe Angst vor sozialem Abstieg.			
11. Ich will andere Menschen beeinflussen.			

Meine Bedürfnisse	trifft nicht zu	trifft manchmal zu	trifft ganz zu
12. Andere tun das, was ich sage.			
13. In Auseinandersetzungen setze ich mich durch.			
14. Ich gebe in der Gruppe gern den Ton an.			
15. Ich habe die Dinge gern in der Hand.			
16. Soziale Anerkennung ist mir wichtig.			
17. Die Wertschätzung, die man in meinem Beruf bekommen kann, war für meine Berufswahl wichtig.			
18. Eine hohe Position zu erreichen, ist mir wichtig.			
19. Gesellschaftlicher Status ist mir wichtig.			
20. Ich will Karriere machen.			
21. Mir ist es wichtig, meine Entscheidungen frei zu treffen.			
22. Auf eigenen Füßen zu stehen, ist mir wichtig.			
23. Es ist mir wichtig, meinen Tagesablauf selbst zu bestimmen.			
24. Ich fühle mich unwohl, wenn mir andere Vorgaben machen.			
25. Ich arbeite gern selbstständig.			
26. Ich bin ein engagierter Mensch.			
27. Ich strenge mich besonders an.			
28. Besondere Leistung zahlt sich aus.			
29. Schwierige Aufgaben nehme ich gern an.			
30. Ich will mehr leisten als andere.			

Auswertung des Bedürfnisfragebogens

Wie jede Theorie, jeder Fragebogen und jeder psychologische Test, so beruht auch der Fragebogen zur Selbsteinschätzung bezüglich Ihrer Bedürfnisstruktur auf einem abstrakten Modell. Betrachten Sie Ihre Ergebnisse deshalb nur als Anregung. Der wesentliche Nutzen besteht darin, dass Sie durch die Antworten auf die 30 Fragen neue Ideen bekommen und den Weg Ihrer beruflichen Neuorientierung klarer vor sich sehen. Die Vielzahl einzelner Bedürfnisse sind hier in die sechs Bereiche zusammengefasst, die großen Einfluss auf das Berufsleben haben. Jeweils fünf der 30 Fragen lassen sich einem dieser Bedürfnisbereiche zuordnen. Die Reihenfolge:

- Geselligkeitsbedürfnis,
- Sicherheitsbedürfnis,
- Machtbedürfnis,
- Statusbedürfnis,
- Unabhängigkeitsbedürfnis,
- Leistungsbedürfnis.

Die Auswertung ist einfach. Wenn Sie eine Frage mit »trifft nicht zu« beantwortet haben, zählt das 0 Punkte, »trifft manchmal zu« zählt einen Punkt, und »trifft ganz zu« zählt zwei Punkte. Hohe Punktzahlen deuten auf eine stärkere Ausprägung des jeweiligen Bedürfnisses hin. Sie können je Bedürfnis maximal zehn Punkte erreichen. Zählen Sie Ihre Punkte zusammen und werten Sie Ihr Ergebnis aus.

Auswertung		
Bedürfnisse	**Einzelpunkte**	**gesamt**
Geselligkeit Fragen 1–5		
Sicherheit Fragen 6–10		
Macht Fragen 11–15		
Status Fragen 16–20		
Unabhängigkeit Fragen 21–25		
Leistung Fragen 26–30		

Welche Bedürfnisse sind bei Ihnen wie stark ausgeprägt? Nutzen Sie die folgenden Kurzbeschreibungen der einzelnen Bedürfnisse als Anregung und überlegen Sie schon einmal weiter, was das für die Wahl Ihres Arbeitgebers und Ihrer Arbeit bedeuten kann.

Das Geselligkeitsbedürfnis zeigt sich in dem Bestreben nach Kontakt und Nähe mit anderen Menschen. Je höher das Geselligkeitsbedürfnis ausgeprägt ist, desto größer ist die Bereitschaft, sozial zu interagieren und Kompromisse zu schließen.

Das Sicherheitsbedürfnis äußert sich in dem Bestreben, möglichst viel Kontrolle über einen garantierten Lebensunterhalt zu erlangen. Je höher das Sicherheitsbedürfnis ausgeprägt ist, desto größer ist die Bereitschaft, Unabhängigkeit abzugeben, Vorgaben in Kauf zu nehmen und Risiken zu vermeiden.

Das Machtbedürfnis äußert sich in dem Bestreben, Einfluss auf andere zu nehmen und diese zu etwas zu bewegen, was sie sonst nicht getan hätten. Je höher das Machtbedürfnis ausgeprägt ist, desto größer ist die Bereitschaft, den eigenen Standpunkt durchzusetzen und Konflikte auszuhalten.

Das Statusbedürfnis zeigt sich in dem Bestreben, den Beruf und die Freizeitaktivitäten nach gesellschaftlichem Ansehen auszurichten. Je höher das Statusbedürfnis ausgeprägt ist, desto größer ist die Bereitschaft, sich mit Statussymbolen zu umgeben und dafür psychische sowie finanzielle Opfer zu bringen.

Das Unabhängigkeitsbedürfnis ist das Bestreben, sein Leben selbstständig und eigenverantwortlich zu gestalten. Je höher das Unabhängigkeitsbedürfnis ausgeprägt ist, desto größer sind die Bereitschaft und der Wunsch, selbst Entscheidungen zu treffen. Sicherheit spielt eine eher untergeordnete Rolle.

Das Leistungsbedürfnis zeigt sich in dem Bestreben, die eigene Leistung unter Beweis zu stellen. Je höher es ausgeprägt ist, desto größer ist die Bereitschaft, sich anzustrengen, Schwierigkeiten in Kauf zu nehmen und zu überwinden.

Träume ernst nehmen

Eigenschaften

Ihre Eigenschaften sind für Ihre berufliche Neuorientierung aus zwei Gründen wichtig:

1) Weil Sie in unterschiedlichen Tätigkeitsfeldern und Aufgaben unterschiedliche persönliche Stärken einsetzen können und müssen. So benötigen Sie beispielsweise in der Qualitätssicherung oder im Rechnungswesen mehr Gewissenhaftigkeit als im Kreativbereich einer Werbeagentur. Wer zukünftig seine starken Eigenschaften zur Geltung bringen möchte, der sollte eine Ahnung davon haben, wie er ist.

2) Weil Sie in unterschiedlichen Branchen und Unternehmensstrukturen unterschiedliche Menschen mit unterschiedlichen Persönlichkeiten antreffen werden.

Arbeitnehmer in Behörden ticken beispielsweise anders als Arbeitnehmer in der Medienbranche oder im Handwerk. In Konzernen gelten andere Werte und Einstellungen als in inhabergeführten mittelständischen Unternehmen. Wer sich in Zukunft mit seinen Chefs und Kollegen gut verstehen will und wer sich mit seinen eigenen Charaktereigenschaften offen und frei bewegen möchte, sich selbst mit seinen Wesenszügen nicht verstecken will, der sollte wissen, wie er ist. Damit Ihre berufliche Neuorientierung gelingt und damit das Was-, das Wo- und das Wie-Sie-zukünftig-arbeiten-Werden besser wird, als es jetzt ist, können Sie versuchen, sich selbst zu beschreiben. Wie würden Sie sich z. B. beschreiben, ohne den sozialen Status anzusprechen, der sich aus Ausbildungs- und/oder Studiengang, Position am Arbeitsplatz und Einkommen erschließt? Ergänzen Sie dazu den folgenden Satzanfang.

Ich bin ...

Wenn es Ihnen schwerfällt, sich selbst zu beschreiben, können Sie die Liste mit den 90 Adjektiven auf der folgenden Seite nutzen. Schätzen Sie damit ein, wie stark Ihre Eigenschaften ausgeprägt sind. Fragen Sie sich bei jedem Adjektiv, ob und wie sehr es auf Sie zutrifft. Überlegen Sie, in welchen Situationen Sie sich so verhalten, wie es das Adjektiv beschreibt. Zum Schluss sollten Sie sich auf fünf bis sieben Adjektive konzentrieren, von denen Sie sagen: »Ja, genau so bin ich!«
Überlegen Sie auch, was Ihre Familie, Ihre Freunde und Arbeitskollegen und was Ihr Lebenspartner über Sie sagt. Bitten Sie diese Menschen, Sie anhand der Liste der 90 Adjektive einzuschätzen, und dann vergleichen Sie Ihre Selbsteinschätzung mit der Fremdeinschätzung. Was fällt Ihnen dabei auf? Gibt es große Abweichungen oder stimmen vielleicht auch viele Beschreibungen überein?

Erstellen Sie Ihr Eigenschaftsprofil

Ich bin ...	nicht ausgeprägt	schwach ausgeprägt	teils, teils	ausgeprägt	stark ausgeprägt
gewissenhaft					
genau					
zuverlässig					
ordentlich					
vertrauenswürdig					
sorgfältig					
pflichtbewusst					
verantwortungsvoll					
beharrlich					
leichtsinnig					
unstet					
ungenau					
unordentlich					
unzuverlässig					
sprunghaft					
fahrig					
unkonzentriert					
unpünktlich					
aufgeschlossen					
flexibel					
interessiert					
lernbereit					
fortschrittlich					
offen					
kreativ					
engagiert					
motiviert					
bewahrend					
bodenständig					
unbeweglich					
ideenlos					
festgefahren					
stur					
desinteressiert					
bequemlich					
konservativ					
verträglich					
liebenswert					
sympathisch					
freundlich					
verständnisvoll					
anpassungsfähig					
teamfähig					
ehrlich					
loyal					

Ich bin ...	nicht ausgeprägt	schwach ausgeprägt	teils, teils	ausgeprägt	stark ausgeprägt
rechthaberisch					
launisch					
durchsetzungsfähig					
fordernd					
aggressiv					
dominant					
beeinflussend					
autoritär					
berechnend					
extrovertiert					
vital					
aktiv					
dynamisch					
impulsiv					
geradeaus					
begeisterungsfähig					
überzeugend					
kontaktstark					
schüchtern					
kompliziert					
verschlossen					
zurückgezogen					
ruhig					
scheu					
zurückhaltend					
passiv					
gehemmt					
stabil					
ausgeglichen					
selbstbewusst					
geduldig					
kritikfähig					
belastbar					
risikobereit					
gefühlsorientiert					
sachorientiert					
beeinflussbar					
vorsichtig					
dünnhäutig					
zweifelnd					
unsicher					
schwermütig					
misstrauisch					
furchtsam					
nervös					

Träume ernst nehmen

Übung 14	Welche Eigenschaften ordnen Sie wem zu?

Diese Übung macht viel Spaß. Überlegen Sie in den nächsten 15 Minuten, welcher Typ Mensch in den aufgelisteten Branchen und Tätigkeitsfeldern arbeitet. Notieren Sie sich jeweils einige Adjektive zu den angegebenen Branchen und Tätigkeitsfelder. Das ist so, als würden Sie im Straßenkaffee sitzen und die vorbeigehenden Passanten einschätzen: »Oh, der hat einen ganz schnellen, harten Gang, der ist bestimmt ein Manager und hat viel Stress« oder »Die ist alternativ angezogen, die arbeitet bestimmt als Verkäuferin im Bioladen«.

Führen Sie diese Übung ruhig mit einer Freundin oder einem Freund durch. Und denken Sie auch an weitere Branchen und Tätigkeitsfelder, beispielsweise

- die Versicherungsbranche,
- den Lebensmitteleinzelhandel,
- die Automobilindustrie,
- den Bildungsbereich.

Oder an die Tätigkeitsfelder

- Lehr- und Dozententätigkeit,
- Forschung und Entwicklung,
- Lager,
- Presse- und Öffentlichkeitsarbeit.

Meine Fremdeinschätzungen

Ich glaube, Menschen, die in diesen Branchen und Tätigkeitsfeldern arbeiten, bringen folgende Eigenschaften mit:

Branche	Eigenschaften	Tätigkeitsfelder	Eigenschaften
IT-Branche		Verkauf/Vertrieb	
öffentlicher Dienst		Qualitätssicherung	
Baubranche		Buchhaltung	
Medienbranche		Produktion	
Gastronomie		Personalwesen	

Berufsorientierungstest

Bis hierher haben Sie 14 Übungen kennengelernt, mit denen Sie Ihre Vorstellungen von einem guten Leben und Ihre Interessen präzisieren und Ihre Bedürfnisse und Eigenschaften benennen konnten. Sie haben dazu ganz unterschiedliche Perspektiven eingenommen: die Traum- und Fantasieperspektive, die Vergangenheits- und Zukunftsperspektive und die Perspektive der Selbst- und Fremdeinschätzung. Als Ergebnis haben Sie jetzt bereits eine konkretere Antwort auf die beiden Fragen:

- Was brauche ich in meiner Arbeit, um zufrieden und glücklich zu sein?
- Sollte ich dazu meinen Arbeitgeber, meine Arbeitstätigkeit oder gar meinen Beruf wechseln?

Zusätzlich zu den Übungen in dieser Arbeitsmappe können Sie zur beruflichen Neuorientierung auch weitere Möglichkeiten nutzen, z. B. Tests oder Coachs.

Es gibt eine Vielzahl von Tests zur beruflichen Orientierung. Viele haben wahrscheinlich beim Übergang von der Schule zur Ausbildung oder zum Studium noch den klassischen Berufsinteressentest (BIT II) der Bundesagentur für Arbeit absolviert. Für manche sind solche Tests genau das Richtige, um herauszufinden, wohin die Reise der Berufswahl oder der beruflichen (Neu)orientierung gehen soll.

Mit Fragebögen zur Selbsteinschätzung, mit Persönlichkeits- und Fähigkeitstests wird diagnostiziert, welche Neigungen und Fähigkeiten jemand für verschiedene Berufsfelder und konkrete Berufe mitbringt. Wenn Sie an solchen Eignungstests interessiert sind, können Sie verschiedene Stellen kontaktieren:

- Falls Sie arbeitslos sind, können Sie bei der Agentur für Arbeit im Psychologischen Dienst einen Berufseignungstest machen.
- Sie können privat Coachs, Berufs- und Karriereberater buchen (die allerdings für ihre Dienstleistung ein Honorar verlangen).
- Sie können kostenlose oder kostenpflichtige Onlinetests machen. Davon gibt es mittlerweile ein großes Angebot.

Da das Feld privater Coachs, Berufs- und Karriereberater unübersichtlich ist, sollten Sie sich bei seriösen Quellen über deren Qualifikation und die Qualität ihrer Dienstleistungen informieren. Auskünfte bieten z. B.:

- Deutscher Bundesverband Coaching e. V. (DBVC, www.dbvc.de),
- Deutscher Verband für Bildungs- und Berufsberatung e. V. (dvb, www.dvb-fachverband.de),
- Deutsche Gesellschaft für Karriereberatung e. V. (DGFK, www.dgfk.org).

Auch bei Onlineangeboten sollten Sie stets auf Seriosität und Qualität achten. Eine seriöse Dienstleistung bietet z. B. das geva-institut (www.geva-institut.de).

Wichtig sind bei solchen Tests nicht nur die Ergebnisse, sondern auch eine qualifizierte Interpretation der Ergebnisse und eine Beratung. Deshalb sollten Sie darauf achten, dass Ihre Testergebnisse in einem Beratungsgespräch diskutiert werden. Und noch ein Hinweis: Betrachten Sie Testergebnisse immer nur als Anregung, niemals als einzig wahre Wahrheit!

Träume ernst nehmen

Bilanz ziehen

Manchmal ist es nur eine Übung, eine Frage oder eine Formulierung, die Ihnen den entscheidenden Impuls für Ihre berufliche Neuorientierung gibt. Sie können sich darauf verlassen, dass die Aufmerksamkeit, die Sie mithilfe dieser Arbeitsmappe auf Ihre berufliche Neuorientierung lenken, Ihre Energie bündelt. Abgesehen davon, dass Sie durch die 14 Übungen auf den letzten Seiten Ihre persönlichen Motivatoren vermutlich schon gefunden haben, die Ihnen den Weg zu Ihrem beruflichen Ziel weisen, haben Sie vermutlich auch eine deutlichere Vorstellung davon, wie dieser Weg aussehen wird, wenn Sie sich denn entscheiden werden, ihn zu gehen.

Fassen Sie zum Abschluss dieses Kapitels die vier Motivatoren noch einmal zusammen und definieren Sie so Ihr Ziel:

- Ihre Vorstellungen von einem guten Leben und damit die wesentlichen Punkte, die ein Arbeitsumfeld und eine Arbeit für Sie bieten sollten, beispielsweise einen guten Lebensunterhalt und perspektivische Sicherheit, Anerkennung, Lern- und Entwicklungsmöglichkeiten, selbstständiges Arbeiten.

- Ihre Interessen und damit die Themen und Inhalte, die Sie wirklich begeistern. Ihre Interessen sind besonders wichtig, denn sie zeigen Ihnen den Weg zu den Aufgaben, Tätigkeitsfeldern und den Branchen, in denen Sie einen Sinn sehen und in denen Sie sich wohlfühlen können. Denken Sie an Reiner, 34 Jahre alt, den Mechaniker, der Rettungsassistent werden wird.

- Ihre Bedürfnisse und damit den zentralen Schlüssel für Ihre Arbeitszufriedenheit. Wer seine Bedürfnisse kennt und ernst nimmt, kann gezielt einen Arbeitgeber (Branche) und eine Arbeit (Tätigkeitsfeld, Position, Aufgaben) wählen, die zu ihm passen. Zum Beispiel den öffentlichen Dienst bei hohem Sicherheitsbedürfnis oder den Vertrieb bei hohem Leistungsbedürfnis.

- Ihre Eigenschaften und damit eine Beschreibung Ihrer persönlichen Stärken (und Schwächen). Denn wer sich mit seinen Charaktereigenschaften nicht verstecken will, sollte bei

der Wahl seines neuen Arbeitgebers und seiner neuen Arbeit darauf achten, dass beides zusammenpasst: die eigene Persönlichkeit zu den Anforderungen eines Tätigkeitsfeldes und zu der »Persönlichkeit« eines Unternehmens.

Benennen und notieren Sie konkret, was Sie über sich herausgefunden haben. Definieren Sie so Ihr neues berufliches Ziel. Ergänzen Sie dazu jeweils den folgenden Satzanfang:

Diese Vorstellungen sollen in meine berufliche Neuorientierung unbedingt einfließen:

_____

_____

_____

_____

_____

Diese Interessen sollen in meine berufliche Neuorientierung unbedingt einfließen:

_____

_____

_____

_____

_____

Diese Bedürfnisse muss meine berufliche Neuorientierung unbedingt berücksichtigen:

_____

_____

_____

_____

_____

Diese Eigenschaften sollen in meine berufliche Neuorientierung unbedingt einfließen:

_____

_____

_____

_____

_____

Für Ihre berufliche Neuorientierung spielen Ihre Vorstellungen, Interessen, Bedürfnisse und Eigenschaften eine wichtige Rolle. Denn Ihre Träume bestimmen darüber, was Sie wollen.

Die Kunst besteht zunächst darin, die eigenen Vorstellungen, Interessen, Bedürfnisse und Eigenschaften in der unübersichtlichen Menge an fremden Erwartungen und irreführenden sozialen Vergleichen mit den allgegenwärtigen Idealbildern wahrzunehmen und ernst zu nehmen.

Meine berufliche Neuorientierung muss ...

_____

_____

_____

_____

_____

_____

Mit den Übungen und Anregungen in diesem Kapitel sind Sie auf diesem Weg ein gutes Stück weitergekommen. Und Sie haben Ihre Antwort auf die Frage, was Sie eigentlich wollen, präzisiert. Im nächsten Kapitel »Potenziale erkennen« dreht sich alles um die Frage, was Sie können. Denn zu einer beruflichen Neuorientierung gehört natürlich nicht nur das, was Sie wollen, sondern auch das, was Sie an Potenzialen dafür mitbringen. Deshalb schauen wir auf den nächsten Seiten vier weitere Aspekte an:

- Fähigkeiten,
- Qualifikationen,
- Tätigkeitsfelderfahrungen,
- Branchenerfahrungen.

Erst im Anschluss geht es darum, in Einklang zu bringen, was Sie wollen, was Sie können und was der Arbeitsmarkt zu bieten hat. Gehen Sie mit den Übungen im nächsten Kapitel auf Schatzsuche. Sie werden viele kleine Goldnuggets finden und am Ende Ihr Potenzial sehr genau einschätzen können.

Potenziale erkennen

Das Potenzialprofil schärfen

Wissen Sie eigentlich, was Sie alles können? Die meisten Menschen sind überrascht darüber, welche Fähigkeiten sich zutage fördern lassen, wenn sie einmal den Blick zurück auf die eigene Vergangenheit wagen. Denn oft schlummern nicht beachtete Talente unter der Oberfläche. Ein Blick auf den bisherigen Lebens- und Berufsweg fördert da manchmal Erstaunliches zutage. Schauen Sie mithilfe der 16 Übungen in diesem Kapitel einmal bewusst danach, welche

- Fähigkeiten Sie mitbringen,
- Qualifikationen Sie erworben haben,
- Tätigkeitsfelderfahrungen Sie gesammelt haben,
- Branchenerfahrungen Sie machen konnten.

Für Ihre berufliche Neuorientierung ist Ihr Potenzial von großer Bedeutung, denn es hat starken Einfluss darauf, was Sie beruflich realisieren können. Und nachdem Sie sich im letzten Kapitel die Frage beantwortet haben, was Sie wollen, geht es jetzt darum, was Sie können.

Erst wenn Sie eine Antwort auf diese Frage erarbeitet haben, lässt sich beurteilen, ob Sie für Ihr neues berufliches Ziel eine zusätzliche berufliche Qualifikation (Bildungs- bzw. Ausbildungsabschluss) erlangen müssen, ob eine Weiterbildung notwendig ist oder ob Sie vielleicht ganz ohne Fortbildung wechseln können.

Oft ist auf der Basis des vorhandenen Potenzials bereits vieles möglich, egal, ob Sie bei Ihrer beruflichen Neuorientierung lediglich den Wechsel Ihres Arbeitgebers, vielleicht in eine andere Branche, den Wechsel des Tätigkeitsfeldes, z. B. vom Marketing in den Vertrieb, oder einen regelrechten Berufswechsel anstreben.

Vielen Menschen fällt es jedoch recht schwer, die eigenen Fähigkeiten zu erkennen und zu benennen. Und viele haben den Eindruck, eigentlich gar nichts oder nicht sehr viel zu können. Dieser Eindruck wird sich ändern, wenn Sie die Übungen auf den nächsten Seiten bearbeiten. Anschließend können Sie damit Ihr Potenzial systematisch erkennen und benennen.

Was man gern macht, macht man gut.

Bevor wir aber auf die Vergangenheit zurückblicken, fangen wir mit einer »Potenzialerkennungsschnellmethode« an: der Liste der 200 Verben. Mit Verben lässt sich sehr einfach benennen, was man gern und gut macht. Natürlich existieren in der deutschen Sprache weit mehr als 200 Verben. Aber schon mit dieser Auswahl können Sie Ihre Fähigkeiten sehr gut selbst einschätzen und wenn Ihnen ein Verb in der Liste fehlt, dann schreiben Sie es einfach dazu.

Schätzen Sie mithilfe der folgenden Liste ein, welche Fähigkeiten Sie mitbringen. Gehen Sie dabei wie folgt vor:

- Überlegen Sie im ersten Schritt, welche der aufgeführten Fähigkeiten Sie zu haben glauben und kreuzen Sie sie an.
- Im zweiten Schritt versehen Sie jede der einzelnen Fähigkeiten, die Sie zu haben glauben, mit einem weiteren Kreuz, wenn Sie der Meinung sind, dass Sie sie wirklich sehr gut beherrschen.
- Und in einem dritten Schritt erhält jede der Fähigkeiten, von der Sie glauben, dass Sie sie sehr gut beherrschen, ein weiteres Kreuz, wenn Sie sie zudem gern einsetzen.

Überlegen Sie auch, was Ihre Familie, Ihre Freunde, Arbeitskollegen und Ihr Lebenspartner über Ihre Fähigkeiten sagen. Bitten Sie diese Menschen, Sie anhand der Liste der 200 Verben einzuschätzen, und dann vergleichen Sie Ihre Selbsteinschätzung mit der Fremdeinschätzung.

Erstellen Sie Ihr Fähigkeitsprofil

Ich kann ...

analysieren	
anbieten	ausbilden
anfeuern	auswählen
anleiten	auswerten
archivieren	babysitten
argumentieren	backen
aufbauen	bauen
aufräumen	beeinflussen
	bedienen

befehlen
befragen
behandeln
beobachten
beraten
berechnen
beruhigen
beschenken
beschreiben
bestimmen
beurteilen
bewahren
bewegen
bewerben
bewerten
charakterisieren
chatten
chauffieren
definieren
delegieren
denken
designen
diagnostizieren
diskutieren
durchsetzen
einkaufen
einschätzen
entdecken
entscheiden
entwerfen
entwickeln
erfassen
erfinden
erfühlen
erhalten
erinnern
erklären
erzählen
erziehen
experimentieren
evaluieren
fahren
fantasieren
feiern
fischen
fixieren
formen
formulieren
fotografieren

forschen
fühlen
führen
gärtnern
geben
gehorchen
gehen
gestalten
grübeln
handarbeiten
haushalten
helfen
herausfinden
herstellen
hören
illustrieren
improvisieren
informieren
integrieren
interpretieren
interviewen
kochen
kommunizieren
kontrollieren
konzentrieren
konzipieren
koordinieren
lachen
laufen
leben
leiten
lehren
lektorieren
lernen
lesen
lieben
malen
managen
manipulieren
meditieren
mitfühlen
motivieren
musizieren
nähen
navigieren
nörgeln
opfern
ordnen
organisieren

orientieren
pflegen
planen
prüfen
präsentieren
programmieren
propagieren
quasseln
quizzen
rechnen
reden
redigieren
reinigen
rennen
reisen
reiten
reparieren
restaurieren
riechen
riskieren
sammeln
schlafen
schmecken
schneidern
schreiben
schützen
sehen
sezieren
siegen
singen
skizzieren
sortieren
spielen
steuern
strukturieren
studieren
synthetisieren
systematisieren
tanzen
tasten
telefonieren
testen
träumen
transportieren
trennen
überprüfen
überraschen
übersetzen
überspringen

unterbringen
unterhalten
unterlassen
unternehmen
unterrichten
untersuchen
verabreden
verantworten
verändern
vereinbaren
vereinigen
vergleichen
verhandeln
verkaufen
vermitteln
verraten
verstehen
verteilen
verwalten
verwirklichen
vorbereiten
vorschreiben
vortragen
wagen
wahrnehmen
waschen
widerlegen
zeichnen
zeigen
zubereiten
zuhören
zurechtfinden
zurechtkommen
zusammenarbeiten
zusammenfassen
zusammenhalten
zuteilen

Potenziale erkennen

■ Fähigkeiten

Fähigkeiten versetzen Sie dazu in die Lage, etwas zu tun. Durch die Liste der 200 Verben haben Sie einen guten Eindruck davon, was Sie können. Notieren Sie im nächsten Schritt die zehn Fähigkeiten, die Sie wirklich sehr gut beherrschen und die Sie sehr gern einsetzen.

Meine zehn »Gut-und-gern-Fähigkeiten«

1. _____

2. _____

3. _____

4. _____

5. _____

6. _____

7. _____

8. _____

9. _____

10. _____

Und nun? Was können Sie mit diesen Fähigkeiten anfangen? Fähigkeiten sind die Voraussetzung der beruflichen Tätigkeit. Sie haben im Lauf Ihres Lebens viele dieser einzelnen Bausteine gesammelt. Bereits als Kleinkind haben Sie außer vielen anderen Fähigkeiten sprechen und laufen gelernt. In der Schule lernten Sie unter anderem zu lesen, zu schreiben und zu rechnen. Im sozialen Miteinander haben Sie gelernt, zuzuhören und zu beobachten. Sie haben die Fähigkeiten entwickelt, mit dem Computer, dem Smartphone und einer ganzen Reihe weiterer elektronischer Geräte umzugehen.

All diese einzelnen Fähigkeiten haben Sie ab einem gewissen Zeitpunkt in Ihrem Leben gebündelt eingesetzt, um bestimmte Aufgaben zu erfüllen, z. B. die Aufgabe, im Internet eine Bestellung aufzugeben. Dafür brauchen Sie die Fähigkeiten, mit dem Computer umzugehen, zu lesen und zu schreiben.

Um Aufgaben wie diese zu erledigen, benötigen Sie mehrere einzelne Fähigkeiten, die Sie kombiniert einsetzen. Diese Erkenntnis können Sie nutzen, um Ihrem Potenzial auf die Spur zu kommen. Wenn Sie herausfinden wollen, was Sie wirklich können, lohnt es sich zu schauen, welche Aufgaben Sie in Ihrem bisherigen Leben übernommen und erfüllt haben. Schauen Sie sich Ihren Lebens- und Berufsweg einmal genau an. Betrachten Sie dabei die folgenden elf Lebensabschnitte:

- Schulzeit,
- Berufsausbildungszeit,
- Studienzeit,
- Wehr- bzw. Ersatzdienstzeit (Freiwilliges Soziales Jahr, Freiwilliges Ökologisches Jahr, Bundesfreiwilligendienst),
- Schul-, Ausbildungs-, Studienpraktika,
- Nebenjobs, Ferienjobs,
- Ehrenamt und soziales Engagement,
- Erwerbstätigkeit,
- Hobbys,
- Familienleben,
- besondere Lebenssituation (z. B. Pflege der Eltern, Kindererziehung, Hausbau, Auszeit).

Forschen Sie nach den Aufgaben, die Sie in den jeweiligen Lebensabschnitten übernommen haben. Dahinter verbergen sich die einzelnen Fähigkeiten, die Sie beherrschen und die Sie kombinieren, um eben diese Aufgaben übernehmen und erfüllen zu können. Sobald Sie die Fähigkeitsbündel auseinandergenommen haben und die einzelnen Fähigkeiten erkennen, können Sie diese bewerten und klären, wie gut Sie sie jeweils beherrschen. Nutzen Sie dazu den folgenden Bewertungsschlüssel: Fähigkeit

- **wenig ausgeprägt:** ich fühle mich in den meisten Situationen unsicher, brauche Unterstützung und Anleitung,
- **mittel ausgeprägt:** ich fühle mich in vielen Situationen sicher, kann die Fähigkeit oft selbstständig einsetzen,
- **stark ausgeprägt:** ich fühle mich in allen Situationen sicher, kann die Fähigkeit immer selbstständig einsetzen.

Und nun können Sie Ihr Leben mithilfe der folgenden elf Übungen durchforsten:

Übung 1   Fähigkeiten aus der Schulzeit

Jeder von uns hat im Lauf seines Lebens einige Jahre in der Schule verbracht. Dort haben wir nicht nur die Kulturtechniken Lesen, Schreiben, Rechnen erlernt und einen Schulabschluss erlangt. Wir haben uns Wissen angeeignet, das soziale Miteinander eingeübt und je nach außerunterrichtlicher Aktivität weitere Fähigkeiten entwickelt, z.B.: eine Rolle in der Theater-AG und dadurch die Fähigkeiten, zu schauspielern, Texte auswendig zu lernen, Emotionen auszudrücken, oder die Aufgabe der Klassensprecherin und dadurch die Fähigkeiten, vor Gruppen zu sprechen und zu organisieren. Erinnern Sie sich an Ihre Schulzeit!

Meine Aktivitäten und Aufgaben während der Schulzeit waren:

Dadurch habe ich diese Fähigkeiten entwickelt:

Meine fünf Hauptfähigkeiten

	wenig ausgeprägt	mittel ausgeprägt	stark ausgeprägt
1			
2			
3			
4			
5			

Potenziale erkennen

Übung 2	Fähigkeiten aus der Berufsausbildung

Mit der Wahl einer Berufsausbildung haben wir eine erste Weiche für unser Arbeitsleben gestellt. Durch die Berufsschule, den betrieblichen Unterricht und durch die praktischen Ausbildungseinheiten im Betrieb konnten wir eine Vielzahl an Fähigkeiten entwickeln. Darüber hinaus haben wir vielleicht auch besondere Aktivitäten ausgeführt und Aufgaben übernommen, wie z. B. an einem Unternehmensplanspiel als Spielführer mitgewirkt, ein Firmenfest eigenverantwortlich organisiert oder bei einer Messe den Ausbildungsbetrieb am Messestand repräsentiert.

Meine Aktivitäten und Aufgaben in der Berufsausbildung waren:

_____

_____

_____

_____

_____

_____

Dadurch habe ich diese Fähigkeiten entwickelt:

_____

_____

_____

_____

_____

_____

Meine fünf Hauptfähigkeiten

	wenig ausgeprägt	mittel ausgeprägt	stark ausgeprägt
1			
2			
3			
4			
5			

Übung 3 **Fähigkeiten aus der Studienzeit**

Auch das Studium stellt eine Art berufliche Ausbildung dar. An der Hochschule eignen wir uns jedoch eher theoretisches Wissen an. Neben diesem Wissen werden aber auch Fähigkeiten entwickelt, wie zum Beispiel: sich selbst organisieren, Zeitpläne erstellen, Informationen recherchieren, Hausarbeiten schreiben, Referate halten, diskutieren. Und je nachdem, welchen Aktivitäten wir darüber hinaus nachgegangen sind und welche Aufgaben wir übernommen haben, entwickeln wir zusätzliche Fähigkeiten: beispielsweise als Tutoren, die Wissen an Kommilitonen vermitteln, oder als Studentenvertreter bei ihrer Arbeit in Gremien.

Meine Aktivitäten und Aufgaben in der Studienzeit waren:

_____

_____

_____

_____

_____

Dadurch habe ich diese Fähigkeiten entwickelt:

_____

_____

_____

_____

_____

Meine fünf Hauptfähigkeiten	wenig ausgeprägt	mittel ausgeprägt	stark ausgeprägt
1			
2			
3			
4			
5			

Potenziale erkennen

Übung 4	Fähigkeiten aus Wehr- oder Ersatzdienst, Freiwilligem Sozialem oder Ökologischem Jahr

Anders als in unserer Schul-, Berufsausbildungs- und Studienzeit liegt der Fokus während dieses Lebensabschnitts nicht auf dem Lernen, sondern darauf, Aufgaben zu bewältigen. Dabei haben wir eine Vielzahl an Fähigkeiten entwickeln können. Zum Beispiel: in einem freiwilligen Jahr in Südamerika Spanisch als Arbeitssprache sprechen, als Bundeswehrsoldat Veranstaltungen organisieren, als Zivildienstleistender im Krankenhaus kranke Menschen pflegen und betreuen.

Meine Aktivitäten und Aufgaben in der Wehr-/ Ersatzdienstzeit waren:

_____

_____

_____

_____

_____

Dadurch habe ich diese Fähigkeiten entwickelt:

_____

_____

_____

_____

_____

Meine fünf Hauptfähigkeiten	wenig ausgeprägt	mittel ausgeprägt	stark ausgeprägt
1			
2			
3			
4			
5			

Übung 5　Fähigkeiten aus Praktika

Viele von uns haben in Ihrem Leben Praktika absolviert: Berufsorientierungspraktika während der Schulzeit, Studienpraktika oder auch ein Praktikum zum Berufseinstieg. Während unserer Praktika haben wir ganz bestimmt Aufgaben bearbeitet. Und dabei haben wir einzelne Fähigkeiten kombiniert und entwickelt. Beispielsweise: als Praktikantin in einer Werbeagentur Kunden anrufen und beraten, bei einem Studienpraktikum im Rechnungswesen eines Brillenherstellers Statistiken erstellen und auswerten, als Praktikant nach dem Studium im Bereich der Produktion eines Automobilzulieferers technische Anlagen analysieren und reparieren.

Meine Aktivitäten und Aufgaben in verschiedenen Praktika waren:

_____

_____

_____

_____

_____

Dadurch habe ich diese Fähigkeiten entwickelt:

_____

_____

_____

_____

_____

Meine fünf Hauptfähigkeiten

	wenig ausgeprägt	mittel ausgeprägt	stark ausgeprägt
1			
2			
3			
4			
5			

Potenziale erkennen

Fähigkeiten aus Nebenjobs

Auch in unseren Nebenjobs haben wir bestimmte Aufgaben erledigt und dazu eine Vielzahl an Fähigkeiten eingesetzt und entwickelt. Generell nimmt die Anzahl an Aufgaben, die wir übernehmen, im Lauf eines Lebens zu und unsere Fähigkeiten verbinden sich immer mehr zu Fähigkeitsbündeln, die wir einsetzen, um verschiedene Aufgaben zu erfüllen. Zum Beispiel: Daten zusammenstellen und vergleichen, Hotelgäste unterhalten und animieren, Pakete ausfahren und zustellen. Führen Sie die einzelnen Aufgaben Ihrer Nebenjobs auf.

Meine Aktivitäten und Aufgaben in verschiedenen Nebenjobs waren:

_____

_____

_____

_____

_____

Dadurch habe ich diese Fähigkeiten entwickelt:

_____

_____

_____

_____

_____

Meine fünf Hauptfähigkeiten

	wenig ausgeprägt	mittel ausgeprägt	stark ausgeprägt
1			
2			
3			
4			
5			

Übung 7 | Fähigkeiten aus dem Ehrenamt

Viele Menschen sind schon früh in Ihrem Leben ehrenamtlich aktiv. Sei es als Kassenwart im Musikverein oder als Jugendtrainer im Sportverein, als Jugendleiterin bei den Pfadfindern in der Gemeinde oder als aktives Mitglied in einem Umweltschutzverein. Und in Ehrenämtern gibt es eine Vielzahl von Aufgaben, für die bestimmte Fähigkeiten erforderlich sind. Beispielsweise: Jugendfreizeiten planen, organisieren und durchführen. Dafür ist es nötig, E-Mails zu lesen und zu beantworten, zu telefonieren, zu rechnen, zu informieren.

Meine Aktivitäten und Aufgaben in verschiedenen Ehrenämtern waren:

_____

_____

_____

_____

_____

Dadurch habe ich diese Fähigkeiten entwickelt:

_____

_____

_____

_____

_____

Meine fünf Hauptfähigkeiten

	wenig ausgeprägt	mittel ausgeprägt	stark ausgeprägt
1			
2			
3			
4			
5			

Potenziale erkennen

Übung 8 | **Fähigkeiten aus der Erwerbstätigkeit**

In unserem Arbeitsleben müssen wir je nach Aus-
bildungsgrad und Arbeitsstelle mehr oder weniger
umfangreiche und anspruchsvolle Aufgaben erfüllen. Als Postbote müssen wir z. B. Adressen lesen,
Straßennamen vergleichen, Briefbündel zusammenstellen, Routen planen und Fahrzeiten berechnen. Als Hausärztin müssen wir umfangreiches
Fachwissen mitbringen und zuhören, beobachten,
analysieren, erkennen, einschätzen, beraten und
Medikamente verschreiben, um Menschen zu hei-
len. Und als Führungskraft übernehmen wir Lei-
tungsaufgaben, müssen entscheiden, kommunizieren, informieren, kontrollieren etc.
Welche Aufgaben haben Sie bei Ihrer aktuellen
Arbeitsstelle und welche Aufgaben haben Sie in
der Vergangenheit übernommen?

**Meine Aktivitäten und Aufgaben bei meiner
aktuellen Stelle sind:**

Dadurch habe ich diese Fähigkeiten entwickelt:

**Meine Aktivitäten und Aufgaben bei meiner
letzten Stelle waren:**

Dadurch habe ich diese Fähigkeiten entwickelt:

Meine Aktivitäten und Aufgaben bei meiner vorletzten Stelle waren:

Dadurch habe ich diese Fähigkeiten entwickelt:

Meine fünf Hauptfähigkeiten

	wenig ausgeprägt	mittel ausgeprägt	stark ausgeprägt
1			
2			
3			
4			
5			

Potenziale erkennen

Übung 9   Fähigkeiten aus Hobbys

In unserer Freizeit machen wir erfahrungsgemäß die Dinge, die wir gern machen. Und oftmals lassen sich die Fähigkeiten, die wir dadurch entwickelt haben, auch beruflich einsetzen. Wenn wir in unserer Freizeit beispielsweise gern Städtereisen unternehmen, dann haben wir durch die Reiseplanung die folgenden Fähigkeiten entwickelt: eine Reiseroute zusammenstellen, einen Flug und ein Hotel buchen, sich zurechtfinden, Fremdsprachen sprechen.

Meine Aktivitäten und Aufgaben bei meinen Hobbys sind:

_____

_____

_____

_____

Dadurch habe ich diese Fähigkeiten entwickelt:

_____

_____

_____

_____

Meine fünf Hauptfähigkeiten

	wenig ausgeprägt	mittel ausgeprägt	stark ausgeprägt
1			
2			
3			
4			
5			

Übung 10	Fähigkeiten aus dem Bereich der Familie

Auch in der Familie haben wir viele Aufgaben zu erfüllen. Wir kümmern uns um unsere alten Eltern oder um unsere jungen Kinder, wir organisieren den Haushalt, kaufen ein, kochen, halten die Wohnung sauber oder das Haus in Schuss, planen mit dem Haushaltsgeld etc. Alle diese Aufgaben erfordern eine Vielzahl einzelner Fähigkeiten, die wir in Kombination einsetzen, um unser Leben zu regeln. Sind dabei vielleicht Fähigkeiten, die Sie in Zukunft beruflich einsetzen wollen?

Meine Aktivitäten und Aufgaben in der Familie sind:

_____

_____

_____

_____

_____

Dadurch habe ich diese Fähigkeiten entwickelt:

_____

_____

_____

_____

_____

Meine fünf Hauptfähigkeiten

	wenig ausgeprägt	mittel ausgeprägt	stark ausgeprägt
1			
2			
3			
4			
5			

Potenziale erkennen

Übung 11	Fähigkeiten durch besondere Lebenssituationen

Das Leben verläuft nicht immer nach Plan. Es gibt Situationen, die im positiven wie im negativen Sinn besonders sind. Beispielsweise die Geburt von Zwillingen, der plötzliche Tod des Partners, ein größerer Lottogewinn, das Scheitern bei der Masterprüfung, eine Weltreise. In solchen Situationen gibt es oft besondere Aufgaben zu übernehmen und zu bestehen. Manche Menschen wachsen dabei über sich hinaus und entdecken erst dann ihre wahren Fähigkeiten. Vielleicht entdecken auch Sie Fähigkeiten, an die Sie bei Ihrer beruflichen Neuorientierung noch gar nicht gedacht haben. Schauen Sie sich Ihre bisherigen besonderen Lebenssituationen genau an.

Meine besonderen Lebenssituationen

_____

_____

_____

_____

Meine Aktivitäten und Aufgaben in besonderen Lebenssituationen waren:

_____

_____

_____

_____

_____

Dadurch habe ich diese Fähigkeiten entwickelt:

_____

_____

_____

_____

_____

Meine fünf Hauptfähigkeiten

	wenig ausgeprägt	mittel ausgeprägt	stark ausgeprägt
1			
2			
3			
4			
5			

Auf dem Streifzug durch Ihre Vergangenheit haben Sie eine Liste von Aufgaben erstellt, denen Sie in ganz unterschiedlichen Lebensabschnitten und Lebensbereichen nachgegangen sind. Nehmen Sie sich jetzt noch einmal einige Minuten Zeit und notieren Sie sich die Aufgaben, die sich über die Jahre wiederholt haben und die sich durch verschiedene Lebensbereiche ziehen. Beispielsweise die Aufgabe, etwas zu organisieren (Haushalt, Geburtstagsfeiern, Firmenfeste, Ausflüge, Reisen etc.), oder die Aufgabe, im eigenen Garten tätig zu sein (Praktikum während der Schulzeit in einer Gärtnerei, Hobbygärtner seit vielen Jahren, Ehrenamt im Naturschutzverband in der Naturpflege etc.).

Meine wiederkehrenden Aufgaben

1. _____

2. _____

3. _____

4. _____

5. _____

6. _____

7. _____

8. _____

9. _____

10. _____

Die Aufgaben, die Sie über mehrere Jahre hinweg in verschiedenen Lebensbereichen immer wieder übernommen haben, zeigen Ihnen die Fähigkeiten, die Sie gern einsetzen und gut beherrschen. Das ist wertvolles Potenzial. Notieren Sie hier die zehn wichtigsten Fähigkeiten.

Meine übergeordneten Fähigkeiten

1. _____

2. _____

3. _____

4. _____

5. _____

6. _____

7. _____

8. _____

9. _____

10. _____

Und nun vergleichen Sie die Liste der zehn »Gut-und-gern-Fähigkeiten« am Anfang dieses Kapitels mit den hier notierten Fähigkeiten. Entsprechen sich diese Fähigkeiten? Dann haben Sie bereits mithilfe der Liste der 200 Verben eine gute Selbsteinschätzung getroffen. Haben Sie durch den Streifzug in die Vergangenheit weitere Fähigkeiten entdeckt? Dann können Sie die Liste Ihrer Fähigkeiten variieren oder ergänzen.
Überlegen Sie auch, auf welche Interessen und damit auf welche Themen und Inhalte sich Ihre Fähigkeiten beziehen: ob Sie z. B. Ihre Fähigkeit, gut analysieren zu können, eher auf Menschen, auf Maschinen oder auf Daten anwenden können und wollen. Je nachdem wird ein anderes Berufsbild (z. B. Psychologe, Ingenieur, Informatiker) oder ein anderes Tätigkeitsfeld (z. B. Personalwesen, Produktion, Rechnungswesen) und vielleicht auch eine andere Branche (z. B. Bildungsträger, produzierende Industrie, IT) für Sie interessant sein.

Potenziale erkennen

Qualifikationen

In vielen Vorstellungsgesprächen wird die Frage gestellt, was den Bewerber für die ausgeschriebene Stelle qualifiziert. Schauen wir einmal differenziert, was damit gemeint ist. Als Indikator für die Qualifikation dienen auf dem deutschen Arbeitsmarkt nach wie vor Bildungs- und Ausbildungsabschlüsse. Je nach Berufsfeld werden anerkannte berufliche Qualifikationen als rechtlich zwingend vorausgesetzt. Zum Beispiel bei Tätigkeiten

- in der öffentlichen Sicherheit (Polizist, Feuerwehrmann),
- in der Rechtsprechung (Richter, Staatsanwalt),
- bei der Personenbeförderung (Piloten, Lokführer, Bus- und Taxisfahrer),
- im Gesundheitswesen (Arzt, Psychotherapeut, Physiotherapeut),
- in der Wirtschaft (Steuerberater, Bilanzbuchhalter) oder auch
- im technischen Bereich (Elektriker, Baustatiker).

In diesen Berufsfeldern ist eine abgeschlossene Ausbildung zwingende Voraussetzung dafür, dass der Beruf augeübt werden darf.

Auch in anderen Berufen werden Ausbildungsabschlüsse gefordert. Beispielsweise in

- kaufmännischen Berufen (z. B. Industrie-, Speditions-, Versicherungskaufleute),
- technischen Berufen (z. B. Maurer, Mechaniker, Schlosser, Schreiner),
- sozialen Berufen (z. B. Altenpfleger, Krankenpfleger, Sozialbetreuer).

Hier sind die Abschlüsse allerdings nicht immer zwingend. So liest man in Stellenanzeigen häufig: »Idealerweise verfügen Sie über eine Ausbildung als ... oder einen vergleichbaren Abschluss.« Auch für viele selbstständige Tätigkeit benötigen Sie Ausbildungsabschlüsse, die je nach Art der Selbstständigkeit als rechtlich zwingend vorausgesetzt werden (etwa Handwerksmeister) oder zumindest wichtig sind für den beruflichen Erfolg (etwa für Kosmetikerinnen).
Notieren Sie zunächst alle Bildungs-, Ausbildungs- und Weiterbildungsabschlüsse, die Sie bis heute erworben haben. Denken Sie dabei an alle Lebensabschnitte und Lebensbereiche, die Sie mithilfe der bisherigen Übungen durchforstet haben. Beachten Sie auch alle Zertifikate, beispielsweise: Ersthelferprüfung, Ausbildereignung, Sicherheitsfachkraft, Staplerführerschein, Sprach- und EDV-Zertifikate.

Meine Schulabschlüsse

1. _____

2. _____

3. _____

Meine Ausbildungs- / Studienabschlüsse

1. _____

2. _____

3. _____

Meine Weiterbildungsabschlüsse

1. _____

2. _____

3. _____

4. _____

5. _____

6. _____

7. _____

8. _____

9. _____

Im Personalwesen versteht man unter Qualifikation das persönliche Arbeitsvermögen, das sich aus der Fachkompetenz (Fähigkeiten) und der Sozialkompetenz (Eigenschaften) zusammensetzt. Solange für eine auszuführende Tätigkeit auf einer zu besetzenden Arbeitsstelle kein rechtlich vorgeschriebener, anerkannter beruflicher Bildungs- bzw. Ausbildungsabschluss gefordert ist, ist für ein Unternehmen lediglich wichtig, dass ein Bewerber als späterer Mitarbeiter das kann, was für die Arbeitsstelle nötig ist. Bei Ihrer Antwort auf die Frage, was Sie für Ihr berufliches Ziel qualifiziert, sei es eine ausgeschriebene Stelle oder eine Selbstständigkeit, können Sie also systematisch die folgenden Fragen beantworten.

Werden für Ihr angestrebtes neues berufliches Ziel rechtlich vorgeschriebene, anerkannte berufliche Abschlüsse und ggf. Weiterbildungsabschlüsse (Qualifikationen) vorausgesetzt?

ja ☐   nein ☐

Wenn ja, welche?

_____

_____

Verfügen Sie über diese Abschlüsse?

ja ☐   nein ☐

Wenn nein, wie lange dauert es, die Abschlüsse zu erlangen, sind Sie dazu fähig und sind Sie bereit dazu?

_____

_____

Welche Fachkompetenz (Fähigkeiten) werden für Ihr neues berufliches Ziel gefordert?

_____

_____

Verfügen Sie über diese Fähigkeiten?

ja ☐   nein ☐

Wenn nein, wie lange dauert es, diese Fähigkeiten zu erlangen, sind Sie dazu fähig und sind Sie bereit dazu?

_____

_____

Welche Sozialkompetenz (Eigenschaften) werden für Ihr neues berufliches Ziel gefordert?

_____

_____

Verfügen Sie über diese Eigenschaften?

ja ☐   nein ☐

Wenn nein, wie lange dauert es, diese Eigenschaften zu erlangen, sind Sie dazu fähig und sind Sie bereit dazu?

_____

_____

Potenziale erkennen

Übung 12 Stellenanzeigen auswerten

Sofern Ihr neues berufliches Ziel in Form einer erwerbstätigen Anstellung zu realisieren ist, können Sie Stellenausschreibungen von Unternehmen dazu nutzen, um Ihr bereits vorhandenes Potenzial leichter zu erkennen und zu benennen und gleichzeitig zu prüfen, welche Qualifikationen Ihnen noch fehlen. Schauen Sie dazu im Stellenteil verschiedener Zeitungen sowie in unterschiedlichen Jobbörsen danach, was Unternehmen auf den von Ihnen angestrebten Stellen fordern. Gehen Sie dabei systematisch vor:

- Welche Zeitungen kommen für Sie infrage? Ist das eher die regionale Tageszeitung oder sind das die großen, überregionalen Zeitungen (SZ, FAZ, DIE ZEIT)?
- Welche Jobbörsen im Internet sind für Sie relevant? Sind das eher die spezifischen Jobbörsen für Ingenieure, für Naturwissenschaftler, für Sozialberufe oder im kaufmännischen Bereich, oder sind das die großen, allgemeinen Jobbörsen (www.ingenieurkarriere.de, www.jobvector.de, www.experteer.de, www.sozialberufe.de, www.monster.de, www.stepstone.de)?
- Nach welchen Schlagwörtern suchen Sie? Suchen Sie nach einer Berufsbezeichnung (z. B. Pilot, Physiotherapeut, Ingenieur), nach einem Tätigkeitsfeld (z. B. Vertrieb, Einkauf, Rechnungswesen, Verwaltung), nach einer Aufgabe (z. B. kaufmännische Sachbearbeitung, Sozialbetreuung, Hausmeisterdienst), nach einer Position (z. B. Abteilungsleiter Einkauf, Teamleiter Controlling, Pflegedienstleitung, Montageleiter) oder nach Arbeitgebern in einer bestimmten Branche (z. B. Medizintechnik, erneuerbare Energien, Automobil)

Finden Sie mindestens fünf Stellenanzeigen, die Ihren Vorstellungen, Interessen, Bedürfnissen und Eigenschaften (vgl. Kapitel »Träume ernst nehmen«) und damit Ihrem beruflichen Ziel entsprechen. Und dann werten Sie diese Stellenanzeigen systematisch aus: Welche der Anforderungen erfüllen Sie bereits? Klären Sie konkret, welche Voraussetzungen Sie für Ihre Traumstelle bereits mitbringen. Diese Voraussetzungen können Sie mit einem grünen Stift unterstreichen. Und was fehlt Ihnen für Ihr Ziel noch? Unterstreichen Sie diese Voraussetzungen mit einem roten Stift.

Meine Stellenanzeigenauswertung

	Qualifikationen	Fähigkeiten	Eigenschaften (Sozialkompetenzen)
Stellenanzeige 1			
Stellenanzeige 2			
Stellenanzeige 3			
Stellenanzeige 4			
Stellenanzeige 5			

Selbstständigkeit

Vielleicht wollen Sie sich lieber selbstständig machen? Die beiden nächsten Übungen helfen Ihnen, Ihr Unternehmerpotenzial und Ihre Geschäftsidee zu prüfen sowie wertvolle Informationen zusammenzustellen, die für eine erfolgreiche Existenzgründung wichtig sein werden.

Die größten Unterschiede zwischen einer angestellten und einer selbstständigen Tätigkeit liegen im Bereich der Geschäftsidee und der Sozialkompetenz. Als Unternehmer müssen Sie besonders die folgenden Eigenschaften mitbringen:

- **Selbstverantwortung:** In einer Selbstständigkeit sind Sie für alles Gute und Schlechte selbst verantwortlich. Sie haben keinen Chef, der für Sie die Kohlen aus dem Feuer holt. Sie müssen die Entscheidungen treffen und mit den Konsequenzen leben. Erfolgreiche Unternehmer wollen und können die Verantwortung für alles übernehmen, was kommt.
- **Leistungsmotivation:** Der unbedingte Wille, alle herausfordernden Aufgaben in Angriff zu nehmen und, auch wenn es schwierig wird, durchzuhalten, das ist ein wesentliches Persönlichkeitsmerkmal erfolgreicher Unternehmer.
- **Problemlösung:** »Ein gelöstes Problem – zwei neue Probleme«, in einer Selbstständigkeit ist das nicht ungewöhnlich. Erfolgreiche Unternehmer verfügen über die mentale Stärke, Probleme lösen zu wollen.
- **Ungewissheitstoleranz:** In einer Selbstständigkeit kommen viele unerwartete Veränderungen auf einen zu. Mehrdeutigkeiten und Unklarheiten auszuhalten und als Chancen zu erkennen, ist eine weitere Eigenschaft erfolgreicher Unternehmer.
- **Risikobereitschaft:** Erfolgreiche Unternehmer müssen Risiken eingehen. Denn Unternehmer gehen Wege, die sie noch nicht gegangen sind. Eine mittlere Risikoneigung ist dafür unabdingbar.
- **Durchsetzungsvermögen:** Die eigene Geschäftsidee gegenüber Mitbewerbern durchzusetzen und sich am Markt zu behaupten, dafür brauchen erfolgreiche Unternehmer ein stark ausgeprägtes Durchsetzungsvermögen.

Darüber hinaus brauchen Sie natürlich eine realisierbare und kreative Geschäftsidee, die bestenfalls einzigartig ist.

Schätzen Sie mit der nächsten Übung selbst ein, wie stark Ihr Unternehmerpotenzial, bestehend aus Ihren Unternehmereigenschaften und Ihrer Geschäftsidee, ausgeprägt ist.

Sie können auch den kostenlosen Fragebogen zur Diagnose unternehmerischer Potenziale (FUP-K) von Prof. Dr. Günter F. Müller nutzen. Den Test finden Sie online unter www.management-diagnostik.de. Das Testergebnis gibt Ihnen einen weiteren Anhaltspunkt zu Ihrem Unternehmerpotenzial.

Potenziale erkennen

Übung 13 — Unternehmerpotenzial prüfen

Eine gute Geschäftsidee und ausgeprägte Unternehmereigenschaften sind die Voraussetzung für eine erfolgreiche Selbstständigkeit. Wenn Sie sich selbstständig machen wollen, können Sie mit den folgenden Fragen zu Ihrer Geschäftsidee sowie zur Selbsteinschätzung Ihrer Unternehmereigenschaften Ihr Unternehmerpotenzial prüfen. Notieren Sie sich Ihre Antworten.

Was genau will ich anbieten (Dienstleistung/Produkt)?

Wem will ich es anbieten (Kunden)?

Wie will ich es anbieten (Marketing und Vertrieb)?

Zu welchem Preis (Finanzplan)?

Warum soll der Kunde bei mir kaufen und nicht bei der Konkurrenz (Mitbewerberanalyse)?

Welche Risiken birgt meine Selbstständigkeit?

Was ist das Schlimmste, was mir passieren kann, und welchen Plan B habe ich?

Meine Unternehmereigenschaften

	nicht ausgeprägt	schwach ausgeprägt	teils, teils	ausgeprägt	stark ausgeprägt
Selbstverantwortung					
Leistungsmotivation					
Problemlösung					
Ungewissheitstoleranz					
Risikobereitschaft					
Durchsetzungsvermögen					

Vergleichen Sie die Selbsteinschätzung Ihrer Unternehmereigenschaften auch mit der Selbst- und Fremdeinschätzung Ihrer Eigenschaften aus dem ersten Kapitel »Träume ernst nehmen«. Entsprechen sich diese Einschätzungen? Diskutieren Sie Ihre Ergebnisse wieder mit Verwandten und Freunden.

Eine Existenzgründung ist fast immer mit großen Veränderungen verbunden und deshalb ein Wagnis. Eine gründliche Vorbereitung und eine gute Planung sind daher angeraten, um z. B. die beiden wichtigsten Engpässe bei Selbstständigen zu übewinden: fehlende Kunden und damit fehlendes Geld.

Rund 75 Prozent aller Existenzgründer in Deutschland melden bereits binnen eines Jahres Insolvenz an, weil sie unterschätzt haben, wie schwer es ist, sich am Markt zu platzieren und sich gegen Mitbewerber durchzusetzen. Und ein großer Teil der übrigen 25 Prozent übersteht die ersten drei Jahre nicht, weil das Finanzamt sie über die Klinge springen lässt, wenn Steuernachzahlungen nicht rechtzeitig geleistet werden.

Prüfen Sie mit kühlem Kopf und auf der Grundlage von Zahlen, Daten und Fakten, ob Ihre Gründungsidee und Ihr Vorgehen solide geplant sind und ob Sie über die notwendigen unternehmerischen Eigenschaften verfügen. Holen Sie dazu umfangreiche Informationen ein.

Für Existenzgründer gibt es in Deutschland eine Vielzahl an kostenlosen Informationsquellen und Unterstützungsangeboten. Nutzen Sie sie, um sich präzise vorzubereiten.

- Informieren Sie sich auf dem Internetportal www.existenzgruender.de des Bundesministeriums für Wirtschaft und Technologie (BMWi) über alle Themen rund um die Selbstständigkeit: von der Entscheidung über die Vorbereitung, die Gründung, die Finanzierung, evtl. Förderungen bis zu Beratungsangeboten. Anhand der Checklisten auf der Website können Sie Ihre Selbstständigkeit intensiv durchdenken. Nutzen Sie auch die Downloads, beispielsweise den Businessplaner.
- Schauen Sie alle Begriffe zur Unternehmensgründung, die für Sie wichtig sind, im Online-Gründerlexikon nach (www.gruenderlexikon. de). Hier finden Sie Begriffe von »A« wie Abschreibung bis »Z« wie Zahllast. Nutzen Sie

die kostenlosen Vorlagen, Vordrucke und Muster, führen Sie mit dem Onlinerechner eine Rentabilitätsvorschau durch und diskutieren Sie in den Blogs und Foren über die Realisierbarkeit Ihres Vorhabens.

- Informieren Sie sich auf der Internetseite der KfW-Mittelstandsbank über die Möglichkeit eines Gründercoachings (www.gruender-coaching-deutschland.de). Dafür stehen Mittel aus dem Europäischen Sozialfonds zur Finanzierung zur Verfügung. Informationen über die Förderprogramme des Bundes, der Länder und der Europäischen Union finden Sie im Internet zusammengefasst in der Förderdatenbank des Bundesministeriums für Wirtschaft und Technologie (BMWi) unter www.foerderdatenbank.de. Mit der Schnellsuche nach Förderprogrammen oder dem Förderassistenten finden Sie möglicherweise ein geeignetes Förderprogramm.
- Nutzen Sie die Gespräche mit den offiziellen Stellen, von denen Sie Geld oder Genehmigungen benötigen, dazu, Ihre Idee und Ihr Vorgehen überzeugend zu präsentieren. Wenn Sie diese Instanzen nicht von sich und Ihrem Unternehmen überzeugen können, dann heißt das nicht, dass Sie keiner versteht, sondern, dass Sie sich ernsthaft überlegen sollten, ob Sie sich wirklich selbstständig machen wollen.

Potenziale erkennen

Übung 14   Informationen zum Thema Existenzgründung einholen

Informationen sind bares Geld wert. Nicht nur, dass Sie auf der Grundlage belastbarer Auskünfte Zeit und Energie sparen können. Es besteht auch die Möglichkeit, finanzielle Unterstützung für Ihre Existenzgründung zu erhalten. Eine intensive Vorbereitung und eine gute Planung sind daher nicht nur anzuraten, sondern sprechen schon für Ihr Unternehmerpotenzial. Beantworten Sie sich die folgenden Fragen und recherchieren Sie – wenn nötig – die fehlenden Informationen.

Welche Informationen fehlen noch für meinen Businessplan?

Wo erhalte ich die fehlenden Informationen?

Habe ich alle rechtlichen, finanziellen und steuerlichen Details geklärt?

Wann und wie kann ich Fehlendes noch klären?

Wo muss ich mein Unternehmen anmelden?

Welche Fristen muss ich beachten?

Besteht die Möglichkeit finanzieller Förderung?

Wenn ja, was muss ich dabei beachten?

_____

_____

_____

_____

_____

Wie viel Zeit und Geld habe ich, um meine Selbstständigkeit zum Laufen zu bringen?

_____

_____

_____

_____

Welchen Plan B habe ich für den Fall des Scheiterns?

_____

_____

_____

_____

_____

Wenn Sie sich nach intensiven Recherchen unter den angegebenen Internetseiten für eine Selbstständigkeit entscheiden, dann haben Sie nicht nur Mut, sondern auch die notwendige Anstrengungsbereitschaft für eine Selbstständigkeit unter Beweis gestellt. Wenn Sie sich vor dem Hintergrund der Informationen eher auf dem Boden der Tatsachen wiederfinden, dann ist das vielleicht erst einmal frustrierend. Aber der Boden der Tatsachen ist eine solide Ausgangsbasis für weitere Entscheidungen. Und besser, Sie entscheiden sich jetzt gegen eine Selbstständigkeit als später für eine Insolvenz.

Ob Selbstständigkeit oder Anstellung, Ihr Potenzial für eine berufliche Neuorientierung besteht außer aus Ihren Qualifikationen und Fähigkeiten auch aus Ihren bisherigen Branchen- und Tätigkeitsfelderfahrungen. Denn je nachdem, in welchen Tätigkeitsfeldern und Branchen Sie bereits gearbeitet haben, konnten Sie ganz unterschiedliche Erfahrungen sammeln, Wissen aufbauen und einen »Stallgeruch« entwickeln. Das heißt, Sie haben die branchenkulturellen Werte und Abläufe verinnerlicht. Für die Umsetzung Ihres neuen beruflichen Ziels stellt dieses Potenzial einen wertvollen Schatz dar: für Sie selbst als Orientierung, aber auch für einen potenziellen Arbeitgeber als Einstellungskriterium.

Auf den nächsten Seiten können Sie diesen Potenzialschatz heben und Ihr Potenzialprofil vervollständigen.

Potenziale erkennen

■ Tätigkeitsfelderfahrungen

Was ist der Unterschied zwischen den Aufgaben, die jemand im Lauf seines Berufslebens in verschiedenen Anstellungen übernommen hat, und den Tätigkeitsfeldern, in denen er diese Aufgaben ausgeführt hat? Aufgaben sind oft trotz unterschiedlicher Tätigkeitsfelder vergleichbar. Der Unterschied liegt im Inhalt, auf den sich diese Aufgaben beziehen. Nehmen wir beispielsweise die Aufgaben einer Teamassistentin:

- aufbereiten von Auswertungen, Statistiken und Reports,
- vor- und nachbereiten von Sitzungen,
- erstellen von Protokollen und Präsentationen,
- erarbeiten von Konzepten,
- unterstützen des Teams in allen administrativen Themen.

Diese Aufgaben sind tätigkeitsfeldübergreifend vergleichbar, egal, ob sich die konkrete Teamassistentenstelle in der Abteilung Einkauf, Entwicklung, Produktion, Marketing, Vertrieb oder Personal befindet.

Natürlich macht es einen Unterschied, ob sich eine Teamassistentin z. B. mit den Inhalten in der Abteilung Produktion beschäftigt, mit Maschinen, Rohstoffen, Fertigungsabläufen, oder mit den Inhalten in der Personalabteilung, mit Menschen, Aus- und Weiterbildung, Sozial- und Arbeitsrecht.

Die Qualifikationen, Fähigkeiten und Eigenschaften, die eine Teamassistentin mitbringen muss, um alle Aufgaben übernehmen zu können, sind jedoch häufig tätigkeitsfeldübergreifend vergleichbar:

- kaufmännische Ausbildung,
- Zahlenverständnis,
- Organisationsstärke,
- Kommunikationsfähigkeit,
- MS-Office-Kenntnisse,
- Deutsch- und Englischkenntnisse,
- schnelle Auffassungsgabe,
- sicheres und freundliches Auftreten,
- Initiative,
- selbstständige Arbeitsweise,
- verantwortliche Arbeitsweise.

Je nach Tätigkeitsfeld sollte eine Teamassistentin darüber hinaus aber ein spezifisches Interesse und damit eine Neigung für die Inhalte Ihres Tätigkeitsfeldes mitbringen. Das ist für die Arbeitszufriedenheit unabdingbar. Außerdem steigert es die Chancen, überhaupt zu einem Vorstellungsgespräch eingeladen zu werden, wenn das Interesse, z. B. an den Inhalten oder am Unternehmen, in der Bewerbung authentisch wirkt oder, besser noch, durch Tätigkeitsfelderfahrungen belegt werden kann.

Warum ist das so? Weil die Leistungsmotivation und die Zufriedenheit eines Mitarbeiters unmittelbar mit dem Interesse an den Inhalten eines Tätigkeitsfeldes zusammenhängen.

Diese Erkenntnis können Sie bei der Umsetzung Ihrer beruflichen Neuorientierung nutzen. Egal, ob Sie eine Anstellung oder eine Selbstständigkeit planen, lassen Sie sich von Ihren Interessen und Ihren bisherigen Erfahrungen leiten.

Im ersten Kapitel, »Träume ernst nehmen«, haben Sie Ihre Interessen erkannt, benannt und notiert. Werfen Sie nun einen Blick auf Ihre bisherigen Tätigkeitsfelder und notieren Sie, in welchen Sie bereits Erfahrungen sammeln konnten.

Übung 15   Tätigkeitsfelder auflisten

Seit wann sind Sie bereits berufstätig? Und welche Tätigkeitsfelder haben Sie durch Ihre Erwerbstätigkeit, durch Nebenjobs und Praktika, Ehrenämter und Hobbys bereits kennengelernt? Blicken Sie auf Ihre Vergangenheit und notieren Sie, in welchen Bereichen Sie bisher gearbeitet haben.

Prüfen Sie, ob es so etwas wie einen roten Faden gibt, ob Sie Tätigkeitsfelder wiederholt bearbeitet haben. Falls ja, gibt Ihnen das einen Hinweis auf Ihre wahren Interessen (vgl. Kapitel »Träume ernst nehmen«). Außerdem haben Sie sich in diesen Tätigkeitsfeldern inhaltliches Wissen angeeignet und Erfahrungen gesammelt. Dieses Potenzial kann für Ihr berufliches Ziel wertvoll sein. Notieren Sie deshalb auch, welche Erfahrungen Sie im jeweiligen Tätigkeitsfeld gesammelt haben.

Meine Tätigkeitsfelderfahrungen aus Praktika

Welche Erfahrungen habe ich dabei gesammelt?

Meine Tätigkeitsfelderfahrungen aus Nebenjobs

Welche Erfahrungen habe ich dabei gesammelt?

Meine Tätigkeitsfelderfahrungen aus Hobbys

Welche Erfahrungen habe ich dabei gesammelt?

Meine Tätigkeitsfelderfahrungen aus Ehrenämtern

Welche Erfahrungen habe ich dabei gesammelt?

Meine Tätigkeitsfelderfahrungen aus Arbeitsverhältnissen

Welche Erfahrungen habe ich dabei gesammelt?

■ Branchenerfahrungen

Die Branchen, in denen jemand im Lauf seines Berufslebens gearbeitet hat, spielen bei der Potenzialermittlung und damit für eine berufliche Neuorientierung auch eine wichtige Rolle. Denn obwohl sich die Tätigkeitsfelder in verschiedenen Branchen ähneln – so wie sich die Aufgaben in verschiedenen Tätigkeitsfeldern ähneln –, unterscheiden sich die Produkte bzw. Dienstleistungen, mit denen sich Unternehmen verschiedener Branchen beschäftigen. Nehmen wir beispielsweise einige Tätigkeitsfelder eines klassischen Unternehmens:

- Einkauf,
- Lager,
- Produktion,
- Marketing,
- Vertrieb,
- Personalwesen,
- Rechnungswesen,
- IT,
- Unternehmenskommunikation.

Die meisten Tätigkeitsfelder und ihre Aufgaben sind branchenübergreifend vergleichbar, egal, ob sich das konkrete Tätigkeitsfeld in der Branche »Medizintechnik«, »Automobilzulieferer«, »Telekommunikation« oder »Tourismus« befindet. Der Unterschied besteht im Inhalt, auf den sich z. B. der Einkauf oder der Vertrieb bezieht. Bei einem Sensorproduzenten werden andere Dinge eingekauft und verkauft als bei einem Spielwarenhersteller.
Da sich Menschen nicht nur mit Ihren Aufgaben und dem Tätigkeitsfeld identifizieren wollen, sondern eben auch mit den Produkten oder den Dienstleistungen des Unternehmens, für das sie arbeiten, ist die Wahl der Branche wichtig.
Die Fähigkeiten und Eigenschaften einer Mitarbeiterin z. B. im Tätigkeitsfeld »Einkauf« sind oft branchenübergreifend vergleichbar. Je nach Branche sollte eine Einkäuferin darüber hinaus eine spezifische Qualifikation mitbringen. So wird im technischen Einkauf häufig eine technische Ausbildung oder aber eine kaufmännische Ausbildung mit einem fundierten technischen Verständnis vorausgesetzt. Hier können persönliche Interessen und Neigungen nicht nur die eigene Arbeitszufriedenheit steigern. Wer durch Freizeitaktivitäten ein echtes Interesse an Technik und an den Produkten bzw. Dienstleistungen eines Unternehmens nachweisen kann und wer vielleicht sogar schon einige Jahre spezifischer Branchenerfahrung mitbringt, steigert seine Chancen auf eine Einladung zum Vorstellungsgespräch.
Diese Erkenntnis können Sie für Ihre Neuorientierung nutzen. Ganz gleich, ob sie eine Anstellung oder eine Selbstständigkeit planen, lassen Sie sich bei der Wahl der Branche von Ihren Interessen und Ihren Erfahrungen leiten.

Im ersten Kapitel, »Träume ernst nehmen«, haben Sie Ihre Interessen erkannt, benannt und notiert. Gehen Sie jetzt auf Spurensuche in die Vergangenheit und notieren Sie, in welchen Branchen Sie bereits welche Erfahrungen sammeln konnten. Danach ziehen wir wieder Bilanz und Sie können abschließend Ihr persönliches Profil erstellen.

Übung 16	Branchen auflisten

Welche Branchen haben Sie durch Ihre Erwerbstätigkeit, durch Nebenjobs und Praktika, Ehrenämter und Hobbys bereits kennengelernt? Blicken
Sie wieder auf Ihre Vergangenheit und notieren Sie,
in welchen Branchen Sie bisher gearbeitet haben.
Prüfen Sie auch hier wieder, ob es so etwas wie
einen roten Faden gibt, ob sie in einzelnen Branchen mehrere Arbeitsstellen hatten. Das wäre ein
Hinweis auf Ihre wahren Interessen (vgl. Kapitel
»Träume ernst nehmen«). Außerdem haben Sie
sich in diesen Branchen Wissen angeeignet, Erfahrungen gesammelt und einen »Stallgeruch« angeeignet. Dieses Potenzial kann für Ihr neues berufliches Ziel wertvoll sein. Notieren Sie deshalb
auch hier die Erfahrungen, die Sie in verschiedenen Branchen gesammelt haben.

**In welchen Branchen habe ich Praktika
gemacht?**

Welche Erfahrungen habe ich dabei gesammelt?

**In welchen Branchen habe ich Nebenjobs
gehabt?**

Welche Erfahrungen habe ich dabei gesammelt?

**Mit welchen Branchen kam ich durch meine
Hobbys in Berührung?**

Welche Erfahrungen habe ich dabei gesammelt?

**In welchen Branchen habe ich Ehrenämter über-
nommen?**

Welche Erfahrungen habe ich dabei gesammelt?

**In welchen Branchen hatte ich Arbeitsverhält-
nisse?**

Welche Erfahrungen habe ich dabei gesammelt?

65

Potenziale erkennen

■ Bilanz ziehen

Mit den 16 Übungen des letzten Kapitels haben Sie das Potenzial, das Sie für Ihre berufliche Neuorientierung mitbringen, erkennen und konkreter benennen können. Fassen Sie zum Abschluss dieses Kapitels Ihre Potenziale noch einmal auf einen Blick zusammen:

- Ihre Fähigkeiten, die Sie im Lauf Ihres Lebens durch die Übernahme von Aufgaben entwickelt haben. Diese Fähigkeiten lassen sich sehr einfach mit Verben benennen. Zum Beispiel: organisieren, reparieren, kommunizieren, führen.
- Ihre Qualifikationen und damit in erster Linie Ihre Bildungs-, Ausbildungs- und Weiterbildungsabschlüsse. Beispielsweise: die allgemeine Hochschulreife, der Gesellenbrief, das Diplom oder der Masterabschluss, Sprachzertifikate.
- Ihre Tätigkeitsfelderfahrungen, die Sie in Praktika, Nebenjobs, Ehrenämtern, Hobbys oder regulärer Erwerbsarbeit sammeln konnten. Hierzu zählen inhaltliches Wissen und Felderfahrung, wie z. B. Wissen über das Tätigkeitsfeld Einkauf, Erfahrung über die Arbeitsweise in der Abteilung Marketing.
- Ihre Branchenerfahrungen und damit den »Stallgeruch«, die Erfahrung und das Wissen, das Sie durch Praktika, Nebenjobs, Ehrenämter, Hobbys oder reguläre Erwerbsarbeit in unterschiedlichen Branchen sammeln konnten. Beispielsweise in der Medizintechnik-, Automobilzulieferer- oder Energiebranche.

Benennen und notieren Sie nun konkret, was Sie über sich herausgefunden haben. Erstellen Sie so Ihr Profil. Ergänzen Sie dazu jeweils den folgenden Satzanfang:

In Zukunft kann ich diese Fähigkeiten einsetzen:

In Zukunft kann ich diese Qualifikationen einsetzen:

In Zukunft kann ich diese Tätigkeitsfelderfahrungen einsetzen:

_____

_____

_____

_____

_____

_____

_____

_____

In Zukunft kann ich diese Branchenerfahrungen einsetzen:

_____

_____

_____

_____

_____

_____

_____

Für Ihre berufliche Neuorientierung spielt Ihr Potenzial, bestehend aus den Fähigkeiten, Qualifikationen, Tätigkeitsfeld- und Branchenerfahrungen eine wichtige Rolle. Denn Ihr Potenzial bestimmt darüber, was Sie können.

Die Kunst ist, die eigenen Fähigkeiten, Qualifikationen, Tätigkeitsfelderfahrungen und Branchenerfahrungen zu erkennen und zu benennen.

Mit den Übungen und Anregungen in diesem Kapitel sind Sie auf diesem Weg ein gutes Stück weitergekommen. Und Sie haben Ihre Antwort auf die Frage, was Sie können, präzisiert. Jetzt steht eigentlich die konkrete Umsetzung der beruflichen Neuorientierung an. Oder?

Viele Menschen bekommen spätestens jetzt »kalte Füße«. Obwohl sie wissen, was sie wollen und was sie können, scheint sie irgendetwas daran zu hindern, die neuen beruflichen Ziele wirklich anzusteuern.

Im nächsten Kapitel »Hindernisse überwinden« dreht sich alles um die Frage, was Sie eigentlich davon abhält, das, was Sie beruflich wirklich wollen, mit dem, was Sie an Potenzial dafür mitbringen, auch umzusetzen. Wir schauen uns die vier Haupthindernisse näher an, die Sie blockieren können:

- die Bereitschaft für die Veränderung,
- die Befähigung für das neue Ziel,
- das Selbstvertrauen und
- die Möglichkeiten der Umsetzung.

Gehen Sie mit den Übungen im nächsten Kapitel auf Spurensuche. Identifizieren Sie die Hindernisse, die Ihnen auf dem Weg der beruflichen Neuorientierung und Veränderung im Weg stehen, und lernen Sie, diese mit einem guten Hindernismanagement zu überwinden.

Hindernisse überwinden

■ Stolpersteine erkennen

Wissen Sie eigentlich, warum Sie das, was Sie beruflich wollen, mit dem, was Sie an Potenzial mitbringen, nicht einfach umsetzen können? Wenn wir ehrlich zu uns selbst sind, dann wissen wir eigentlich – und spätestens nach der Bearbeitung der Übungen im ersten Kapitel »Träume ernst nehmen« – was wir wollen. Wir kennen unsere Vorstellungen, Interessen, Bedürfnisse und Eigenschaften. Und nach dem Blick auf unsere Vergangenheit wissen wir auch, welches Potenzial wir für die Umsetzung mitbringen. Wir kennen unsere Fähigkeiten, Qualifikationen, Tätigkeitsfeld- und Branchenerfahrungen.

Dennoch fällt es vielen Menschen schwer, die berufliche Neuorientierung umzusetzen und sich zu verändern. Und an diesem Punkt im Prozess der beruflichen Neuorientierung ist die Gefahr groß, in Träume zu flüchten. Warum? Weil wir Menschen sind, und Menschen haben manchmal unrealistische Träume und Ängste. Sie befinden sich in Lebenssituationen, in denen eine Veränderung einfach (noch) nicht möglich ist. Schauen Sie mithilfe der 18 Übungen in diesem Kapitel die vier Haupthindernisse auf dem Weg einer beruflichen Neuorientierung genauer an:

- die fehlende Bereitschaft, den Preis für ein neues berufliches Ziel zu zahlen, uns in der Veränderungsphase mehr anzustrengen als gewöhnlich;
- die fehlende Befähigung, das neue berufliche Ziel zu erreichen bzw. sich fehlende Kompetenzen dafür anzueignen;
- das fehlende Selbstvertrauen, mit dem Risiko und der Angst vor Misserfolg offen und konstruktiv umzugehen;
- die fehlenden Möglichkeiten für die Umsetzung aufgrund ungünstiger Rahmenbedingungen, die manchmal (noch) nicht zu ändern sind.

Auf den nächsten Seiten finden Sie viele Übungen und Anregungen, um Ihren Hindernissen auf die Spur zu kommen. Versuchen Sie dabei, mit einer inneren Leichtigkeit den Dingen nachzugehen, die Sie blockieren. Und keine Angst. Es kann Ihnen dabei nichts passieren. Es bringt Ihnen vielmehr

Erleichterung, die Dinge zu benennen, die Ihnen im Weg stehen.

Denn dadurch werden die Hindernisse handhabbar. Sie können also ganz ehrlich mit sich selbst sein. Sie müssen Ihre Notizen ja niemandem zeigen. Wenn Sie vor sich selbst ganz offen zugeben, was Sie eigentlich blockiert bzw. womit Sie sich blockieren, dann haben Sie die Chance, den nächsten Schritt zu gehen: die Entscheidung zu treffen und sich wirklich beruflich neu zu orientieren.

Claudia, 46 Jahre alt, Marketingassistentin in der Branche Healthcare, steht vor so einem Hindernis.

Claudia, 46 Jahre, Marketingassistentin

Claudia arbeitet seit dem Abschluss ihres BWL-Studiums vor 20 Jahren im Tätigkeitsfeld Marketing. Seit fünf Jahren in der Branche Healthcare. Ihre Aufgaben sind vielfältig. Sie recherchiert Daten, wertet diese aus, analysiert Statistiken, bereitet Datenmaterial auf, präsentiert vor Entscheidungsträgern, koordiniert, organisiert und kommuniziert viel. Durch die internationale Ausrichtung ihres Arbeitgebers setzt Claudia ihre guten Sprachkenntnisse in Englisch und Französisch täglich ein. Einige Aufgaben machen Claudia Spaß.

Aber die Tätigkeit ist häufig mit Stress verbunden, manchmal eintönig und wenig nachhaltig. Deshalb will sich Claudia beruflich neu orientieren. Nachdem sie systematisch herausgearbeitet hat, was sie will und was sie kann, steht ihr neues berufliches Ziel fest: Claudia will mit einem berufsbegleitenden Aufbaustudium im Fach Wirtschaftspsychologie die Kompetenz und das Selbstvertrauen erlangen, um im neuen Tätigkeitsfeld Personalwesen als Personalreferentin arbeiten zu können. Seit Wochen nun steht dieses Ziel auf dem Papier und dennoch hat Claudia noch nicht an den für sie infrage kommenden Hochschulen angerufen, um sich nach den Bewerbungsmodalitäten zu erkundigen. Was blockiert Claudia? Darauf angesprochen, sagt sie, dass im Job gerade so viel los sei und sie gar keine Zeit habe.

»Keine Zeit.« Ist es das wirklich? Oder ist das vielleicht nur eine Ausrede?!

Ausreden

Ausreden sind ganz normal. Jeder Mensch kennt und nutzt sie, um das Leben geregelt zu bekommen. Immer dann, wenn es im Alltag gefährlich oder anstrengend wird, bemühen wir mehr oder weniger Ausreden, mit denen wir vor uns selbst und vor anderen rechtfertigen, warum wir unmöglich das oder jenes haben tun können. So bringen wir uns in ein inneres Gleichgewicht, denn eigentlich ärgern wir uns über uns selbst, dass wir etwas nicht gemacht haben, was wir machen wollten, uns aber nicht getraut haben, oder weil uns die Anstrengung zu groß war. Schätzen Sie selbst ein, zu welchen Ausreden Sie neigen.

Eigentlich will ich ja, aber ...

- mir fehlt die Zeit dazu;
- es kommt ja immer etwas dazwischen;
- mir fehlt das Geld dazu;
- ich weiß nicht, ob ich damit Erfolg habe;
- es ist zu riskant;
- ich schaffe das nicht;
- ich kann das nicht;
- ich bin schon zu alt;
- ich muss mich um andere kümmern;
- da spielt meine Familie nicht mit.

Benennen Sie ehrlich, mit welcher Ausrede Sie sich in Ihrer aktuellen Lebenssituation davon abhalten, das zu tun, was Sie tun wollen. Definieren Sie, was Sie hindert, sich für Ihr berufliches Ziel zu entscheiden und an die Umsetzung zu gehen.

Meine Hauptausreden

Was steckt hinter diesen Ausreden? Ist es die fehlende Bereitschaft, sich für einen beruflichen Wechsel mehr anzustrengen als gewöhnlich? Oder befürchten Sie insgeheim, dass Sie nicht über die Befähigung verfügen, Ihr neues berufliches Ziel auch wirklich erreichen zu können? Haben Sie vielleicht einfach Angst vor dem Scheitern? Oder sind es tatsächlich die aktuellen Rahmenbedingungen, an denen Sie faktisch (noch) nichts ändern können und die Ihre berufliche Neuorientierung momentan (noch) unmöglich machen?

Meine Hindernisse sind

Auf den folgenden Seiten erfahren Sie, wie Sie die verschiedenen Hindernisse überwinden können. Entwickeln Sie so Ihr persönliches Hindernismanagement.

Hindernisse überwinden

Bereitschaft

Jede Veränderung braucht Energie. Das ist ein physikalisches Grundgesetz. Denn wenn sich etwas verändern soll, muss man einen Impuls setzen. Das kostet mehr Energie, als alles beim Alten zu belassen. Egal, um welche Art von Veränderung es sich handelt. Wer abnehmen will, braucht Muskelenergie, um Kalorien zu verbrennen. Wer mit dem Auto von Hamburg nach München fahren will, braucht Benzin, um voranzukommen. Und wer seine berufliche Situation verändern will, braucht Zeit und muss Energie einsetzen, um den Wechsel tatsächlich zu schaffen. Denn die Dinge passieren nicht einfach von selbst.

Sind Sie bereit dazu, sich in der Phase Ihrer beruflichen Neuorientierung mehr anzustrengen als gewöhnlich? Wie hoch schätzen Sie Ihre Anstrengungsbereitschaft ein?

Etwas zu wollen ist das eine, es auch wirklich zu tun, ist etwas ganz anderes. Dazu muss man den sprichwörtlichen inneren Schweinehund überwinden und aus der Komfortzone heraustreten. Beispielsweise nach Feierabend statt auf der Couch am Schreibtisch sitzen, um Informationen einzuholen, einen Plan zu erstellen oder Bewerbungen zu schreiben. Das fällt vielen Menschen äußerst schwer.

Wenn eine Ihrer Ausreden lautet, dass Sie »einfach keine Zeit dazu haben« und »immer etwas dazwischenkommt«, sollten Sie die Tipps und Übungen auf den folgenden Seiten beherzigen. Mit dieser Handvoll Übungen wird es Ihnen leichterfallen, Ihre berufliche Veränderung in Angriff zu nehmen und Ihre Absichten wirklich in die Tat umzusetzen.

Jede Veränderung braucht Energie.

Erhöhen Sie Ihre Bereitschaft zur Anstrengung, indem Sie die folgenden fünf Punkte beachten:

- **Ihr Ziel benennen:** Definieren Sie Ihr berufliches Ziel sehr konkret und anschaulich, am besten mit allen Sinnen. Dadurch richten Sie all Ihre Gedanken und Ihre Energie darauf aus.
- **Den Umsetzungsplan erstellen:** Fertigen Sie einen konkreten Plan an und bahnen Sie sich so gedanklich den Weg, den Sie später tatsächlich gehen wollen.
- **Etappen festlegen:** Teilen Sie einen langen Weg in mehrere kleine kurze Teilstücke ein, die Ihnen machbar erscheinen.
- **Selbstbelohnung einplanen:** Ein Auto fährt auch nicht ohne Benzin und ab und an ist der Tank einfach leer. Tanken Sie selbst auf, wenn Sie eine Etappe erreicht haben, indem Sie sich selbst eine Freude bereiten.
- **Unterstützung bewusst machen:** Führen Sie sich bewusst vor Augen, welche Möglichkeiten der Unterstützung Sie haben und nutzen können, um in schwierigen Situationen am Ball zu bleiben.

Mit den folgenden fünf Übungen besitzen Sie einen Trainingsplan, um Ihre Bereitschaft zur Anstrengung zu stärken. Dadurch wird es Ihnen leichterfallen, die notwendige Energie aufzubringen.

Übung 1   **Das neue berufliche Ziel benennen**

Wie lautet Ihr neues berufliches Ziel? Haben Sie bereits eine konkrete Formulierung dafür, so wie Reiner, der 34-jährige Mechaniker, der künftig als Rettungsassistent arbeiten möchte?

Mein neues berufliches Ziel

_____

_____

_____

Mit einer konkreten Beschreibung Ihres Ziels lenken Sie Ihre Aufmerksamkeit bereits auf einen Punkt. Gehen Sie jedoch noch einen Schritt weiter und verankern Sie Ihr Ziel in allen Ihren Sinnen. Denn wer sein Ziel lediglich sprachlich beschreibt, z. B. »Ich will Rettungsassistent werden«, der denkt zwar häufig daran, blockiert sich aber interessanterweise selbst und schwächt seine Bereitschaft zur Anstrengung.

Denn für ein lediglich in abstrakter Sprache gespeichertes Ziel brauchen Sie Erinnerungshilfen. Wer sein Ziel mit allen Sinnen erfasst, aktiviert seine rechte Hirnhälfte und speichert es dadurch besser ab. So wirkt die Kraft der Bilder unbewusst, auch wenn Sie überhaupt nicht an Ihr Ziel denken. Diesen Mechanismus nutzen Spitzensportler, Wissenschaftler, Künstler und andere erfolgreiche Menschen. Nutzen Sie ihn auch. Lesen Sie noch einmal Ihre Zielbeschreibung. Schließen Sie dann die Augen und nun verbinden Sie Ihr Ziel mit allen Sinnen.

Welche Bilder habe ich vor Augen, wenn ich an mein neues berufliches Ziel denke?

_____

_____

_____

_____

In welchen Farben erscheinen meine Bilder?

_____

_____

_____

Welche Töne, Gerüche und welcher Geschmack begleiten meine Vorstellungen?

_____

_____

_____

Und wie würde sich mein neues Ziel bewegen, wenn es sich bewegen könnte?

_____

_____

_____

Hindernisse überwinden

Übung 2	Plan erstellen

Ihre Bereitschaft zur Anstrengung können Sie unbewusst durch die Kraft der Bilder stärken. Dennoch passieren die Dinge natürlich nicht einfach so. Ohne Ihr Zutun wird sich nichts bewegen. Deshalb lohnt es sich, Ihre Aufmerksamkeit durch einen Umsetzungsplan zu steuern. Was werden Sie wann und wie machen, um Ihr neues berufliches Ziel zu erreichen?

Was-wann-wie-Pläne sind ein sehr gutes Hilfsmittel, um sich selbst mental den Weg zu bahnen, den man später tatsächlich gehen will. Denn ein Plan schafft eine Selbstverpflichtung: eine Struktur, die Halt gibt.

Ihr Was-wann-wie-Plan sollte so einfach, so kurz und so präzise sein, dass er auf die Rückseite eines Kassenbons passt. Dadurch fällt es Ihnen leichter, Ihren Plan auch wirklich umzusetzen. Beantworten Sie sich die folgenden Fragen und spielen Sie die Antworten gedanklich durch – am besten mehrmals am Tag.

Was mache ich, um mein neues berufliches Ziel zu erreichen?

Wann mache ich das?

Wie mache ich das?

Übung 3   Etappen festlegen

Rom wurde bekanntlich auch nicht an einem Tag erbaut. Je nachdem, wie weit Ihr neues berufliches Ziel weg ist, wird es mehr oder weniger Zeit und Energie in Anspruch nehmen, es zu erreichen. Ein Arbeitgeberwechsel ohne den Wechsel des Tätigkeitsfeldes und der Aufgaben kann in wenigen Wochen oder Monaten umzusetzen sein. Ein Arbeitgeberwechsel mit gleichzeitiger Neuausrichtung in ein anderes Tätigkeitsfeld mit neuen Aufgaben (z. B. vom Marketing ins Personalwesen und von Assistenz- zu Referentenaufgaben) dauert erfahrungsgemäß sehr viel länger. Zumal dann, wenn vom Arbeitsmarkt Qualifikationen gefordert werden oder erwünscht sind, die als Sprungbrett für den Wechsel zu einem Arbeitgeber oder in ein neues Tätigkeitsfeld dienen. Und ein kompletter Berufswechsel mit einer neuen Berufsausbildung oder einem Studium dauert mehrere Jahre.

Um auf dem Weg zum Ziel die Motivation und Anstrengungsbereitschaft nicht zu verlieren, ist es sehr sinnvoll, sich konkrete Etappenziele zu setzen. Notieren Sie hier Etappen auf dem Weg zu Ihrem Ziel. Teilen Sie einen langen Weg in mehrere kurze Abschnitte ein, die Ihnen machbar erscheinen.

Welche Etappen auf dem Weg zu meinem großen neuen beruflichen Ziel kann ich festlegen?

1. _____

2. _____

3. _____

4. _____

5. _____

6. _____

7. _____

8. _____

9. _____

10. _____

Hindernisse überwinden

Als Kind wurden wir oft belohnt, wenn wir etwas erreicht haben. Zum Beispiel mit ein wenig Geld für gute Noten in der Schule oder einem tollen Essen für einen erfolgreichen Schulabschluss. Unsere Eltern, Großeltern, Tanten oder Onkel haben uns mit diesen Belohnungen darin bestätigt, dass es sich lohnt, sich für etwas anzustrengen. Als Arbeitnehmer erhalten wir manchmal eine Belohnung in Form einer Prämie, wenn wir uns besonders engagiert und sehr gute Leistung erbracht haben. Warum sollten Sie sich nicht auch selbst dafür belohnen, wenn Sie auf Ihrem Weg zum neuen beruflichen Ziel weitergekommen sind? Bauen Sie bewusst und systematisch Selbstbelohnungen ein. Damit lassen sich Durststrecken leichter durchhalten. Beantworten Sie die folgenden drei Fragen.

Womit kann ich mir selbst eine kleine Freude machen?

Zum Beispiel mit einem Kinobesuch, einem guten Buch oder einer guten Flasche Wein?
Achten Sie darauf, dass Ihre Selbstbelohnung der Anstrengung, die Sie vollbracht haben, angemessen ist. Eine große Selbstbelohnung für eine kleine Anstrengung wirkt eher demotivierend und schwächt Ihre Bereitschaft zur Anstrengung.

Wann sollte ich mir selbst eine Freude machen?

Zum Beispiel, wenn ich darauf stolz bin, eine Hürde genommen zu haben, und einen Schritt weitergekommen bin? Die Selbstbelohnung muss möglichst bald auf die Anstrengung erfolgen, damit die Verbindung von beidem sinnfällig ist.

Wie kann ich mir immer wieder eine kleine Freude machen?

Zum Beispiel, indem ich die Selbstbelohnungen variiere und mich unregelmäßig selbst belohne, damit sich der Belohnungseffekt nicht abnutzt.

Belohnen Sie sich auch immer wieder mit Ihren Vorstellungen: Allein daran zu denken, dass Sie Ihr Ziel bereits erreicht haben, führt zu einem Belohnungsgefühl. Rufen Sie sich deshalb immer wieder die Bilder Ihres Zieles vor Augen (vgl. Übung 1) und überlegen Sie, wie Sie sich fühlen werden, wenn Sie es erreicht haben.

Übung 5 Unterstützer bewusst machen

Die Bereitschaft, sich für ein neues berufliches Ziel zumindest vorübergehend mehr anzustrengen als bisher, ist ein zartes Pflänzchen. Und im rauen Klima einer Veränderung kann dieses schnell Schaden nehmen. Da ist es sinnvoll, sich vorweg zu überlegen, wer oder was unterstützend wirken kann, wenn das nötig sein sollte. Beantworten Sie sich dazu wieder drei Fragen.

Welche Menschen in meiner Umgebung glauben an mich und mein neues Ziel?

_____

_____

_____

_____

Welche Menschen in meiner Umgebung können mich mit Rat und Tat unterstützen?

_____

_____

_____

_____

Welches Verhalten gibt mir im Alltag Kraft, welche Aktivität in der Freizeit?

_____

_____

_____

_____

_____

Befähigung

Die Bereitschaft zur Anstrengung reicht noch nicht. Wenn die Befähigung fehlt, das neue berufliche Ziel zu erreichen oder sich mangelnde Kompetenzen anzueignen, wird der Neuanfang nicht gelingen. Neue berufliche Ziele müssen realisierbar sein. Beispielsweise wird aus einem guten Torwart noch lange kein guter Stürmer, nur weil er davon träumt, Tore zu schießen, statt Bälle zu halten.

Arbeiten Sie mit den Begabungen, die Sie haben, nicht mit denen, die Sie gerne hätten!

So leicht dieser Satz gesagt und verstanden ist, so schwer ist er zu akzeptieren. Denn frei nach Tucholsky wollen wir alle »so viel haben, sein und gelten; dass einer alles hat, ist jedoch selten«. So haben wir berufliche Ideale und wollen nicht wahrhaben, dass wir manchmal einfach nicht die notwendigen Talente mitbringen, um sie zu erreichen. Wenn eines Ihrer Hindernisse darin besteht, dass Sie zwar genau wissen, was Sie beruflich wollen, jedoch trotz großer Bereitschaft zur Anstrengung und viel Engagement immer wieder daran scheitern, Ihr Ziel zu erreichen, können Sie die Tipps und Übungen auf den nächsten Seiten beherzigen. Dann wird es Ihnen leichter gelingen, Ihr neues berufliches Ziel daraufhin zu überprüfen, ob es realisierbar ist oder nicht, Ihre Grenzen zu akzeptieren und bei Bedarf das Ziel zu korrigieren. Führen Sie eine Realitätsprüfung durch, indem Sie vier Punkte beachten:

- **Perfect Matching:** Prüfen Sie die Passung zwischen dem, was Sie wollen, und dem, was Sie dafür an Potenzial mitbringen.
- **Potenzialeinschätzung:** Prüfen Sie Ihr Potenzial daraufhin, ob Sie die Befähigung haben, sich fehlende Kompetenzen anzueignen.
- **Grenzen akzeptieren:** Erkennen und akzeptieren Sie die Grenzen Ihrer Befähigung.
- **Ziel korrigieren:** Prüfen Sie, ob Sie wirklich bei Ihrem Ziel bleiben können. Stellen Sie Ihr berufliches Ideal auf den Boden der Realität.

Die Passung zu prüfen zwischen dem, was Sie wollen und dem, was Sie dafür an Potenzial mitbringen, ist wie Memory spielen. Mit der Definition Ihres beruflichen Ziels haben Sie die Motive des Memoryspiels bestimmt. So wie Anna, 39 Jahre, seit elf Jahren Mitarbeiterin im Vertriebsinnendienst eines kleineren Industriebetriebes im Maschinen- und Anlagenbau bei Augsburg:

Anna, 39 Jahre, Mitarbeiterin im Vertrieb

Anna hat das Gefühl, in der Provinz hängen geblieben zu sein, und träumt davon:

- in einem internationalen Umfeld mit ihren Fremdsprachen arbeiten zu können,
- in einer Lifestylebranche zu arbeiten, am liebsten irgendetwas mit Möbeln,
- dazu beizutragen, dass stylische Produkte entstehen und Kundenwünsche erfüllt werden, am liebsten im Tätigkeitsfeld Marketing,
- in einer Großstadt mit internationalem Flair zu leben und zu arbeiten,
- mit aufgeschlossenen Kollegen zu arbeiten, die etwas von der Welt gesehen haben.

Das sind die wesentlichen Bestimmungen des neuen beruflichen Ziels, von dem Anna träumt. Nun geht es darum, das Perfect Matching vorzunehmen zwischen den acht persönlichen Merkmalen Vorstellungen, Interessen, Bedürfnissen, Eigenschaften, Fähigkeiten, Qualifikationen, Tätigkeitsfeld- und Branchenerfahrungen und den acht Arbeitsmarktmerkmalen Branchen, Unternehmensstrukturen, Tätigkeitsfelder, Positionen, Aufgaben, Arbeitsorte, Arbeitszeiten, Arbeitsentgelt. Dazu hat Anna die folgenden acht Leitfragen genutzt und ihr Perfekt Matching erstellt. Schauen Sie sich die Daten einmal an und erstellen Sie danach Ihr eigenes Perfect Matching. Spielen auch Sie Ihr Jobmemory!

Woran erkenne ich, dass eine Branche die richtige für mich ist?

- Interesse (z. B. Überschneidung von Themen Ihrer Hobbys mit Themen aus der Branche),
- Bedürfnis, in einer Branche zu arbeiten, die in der Öffentlichkeit hohes Ansehen genießt. Zum Beispiel wird die Medienbranche von vielen eher als »sexy« angesehen als die Stahlbranche.
- Bedürfnis, in einer Branche zu arbeiten, die mit dem eigenen Wertesystem übereinstimmt, z. B. im Non-Profit-Bereich.

Woran erkenne ich, dass eine Unternehmensstruktur die richtige für mich ist?

- Bedürfnis nach Lern- und Entwicklungsmöglichkeiten, nach Entscheidungs- und Handlungsspielraum oder nach Arbeitsplatzsicherheit. Die Wahl der Unternehmensstruktur, ob Konzern, Mittelständler oder Kleinunternehmen, hat sehr viel mit der eigenen Bedürfnislage zu tun. Denn in verschiedenen Unternehmensstrukturen gibt es unterschiedliche Vor- und Nachteile. Beispielsweise gibt es in Konzernstrukturen in der Regel mehr Entwicklungsmöglichkeiten, dafür aber auch längere Entscheidungswege und weniger Handlungsspielraum als beim Mittelstand.

Woran erkenne ich, dass ein Tätigkeitsfeld das richtige für mich ist?

- Interesse, z. B. für die Produktion (Maschinen) oder das Personalwesen (Menschen).
- Fähigkeiten, die Sie mitbringen, z. B. Verhandlungskompetenzen, die im Einkauf benötigt werden.

Woran erkenne ich, dass eine Position die richtige für mich ist?

- Bedürfnisse, die zur Position passen, z. B. Machtbedürfnis für eine Führungsposition.
- Eigenschaften, die zur Position passen, z. B. integrierende Persönlichkeit, Teamplayer, Serviceorientierung für eine Position als Assistent/-in.

Woran erkenne ich, dass die Aufgaben die richtigen für mich sind?

- Interesse, wenn Sie es z. B. spannend finden, zu texten oder zu zeichnen, zu präsentieren oder zu verkaufen.
- Bedürfnisse, die zu den Aufgaben passen, z. B. Geselligkeitsbedürfnis für Aufgaben im Team.
- Eigenschaften, die zu den Aufgaben passen, z. B. Gewissenhaftigkeit für technische Konstruktionsaufgaben.
- Fähigkeiten, die Sie für die Aufgaben mitbringen, z. B. Organisationstalent für Assistenzaufgaben.

Woran erkenne ich, dass ein Arbeitsort der richtige für mich ist?

- Bedürfnisse, die zum Arbeitsort passen, z. B. Bedürfnis nach der Internationalität einer Großstadt.
- Eigenschaften (Mentalitätspassung), wenn Sie z. B. als »Nordlicht« besser mit der norddeutschen Mentalität zurechtkommen.
- Realisierbarkeit unter dem Aspekt persönlicher Lebensumstände, wenn Sie z. B. in der Nähe Ihrer pflegebedürftigen Eltern leben wollen/müssen.

Woran erkenne ich, dass die Arbeitszeit die richtige für mich ist?

- Bedürfnisse, z. B. nach Leistung, Wettbewerb und Anerkennung.
- Eigenschaften, wie z. B. hohe Arbeitsmotivation oder hohe Freizeitorientierung.
- Realisierbarkeit, bezogen auf aktuelle Lebenssituation, Belastbarkeit und Biorhythmus.

Woran erkenne ich, dass das Arbeitsentgelt das richtige für mich ist?

- Bedürfnis nach Existenzsicherheit oder Luxusleben.
- Realisierbarkeit, bezogen auf den aktuellen Marktpreis für Ihre Arbeitskraft.

Das Perfect Matching von Anna: Träume

	Vorstellungen	Interessen	Bedürfnisse	Eigenschaften
Branchen	Lifestylebranchen, Design, Möbel	Möbelmessen, Wohnaccessoires, Wohnzeitschriften, eigener Blog www.wohn-dich-gluecklich.de, Design	Internationalität	weltoffen, aufgeschlossen, dynamisch, belastbar
Unternehmens-strukturen	über 300 Mitarbeiter, gern Konzern-struktur, internationales Um-feld	Sprachen	aufgeschlossene Kollegen, Entwicklungsmög-lichkeiten	aufgeschlossen, belastbar, flexibel
Tätigkeitsfelder	Marketing, Marktforschung	Psychologie, menschliche Wahr-nehmung, Markenstrategien	Zusammenhänge verstehen, Konsumverhalten verstehen	dynamisch, aufgeschlossen, interessiert, belastbar, flexibel
Positionen	Assistenz, Referentin	inhaltlich arbeiten, Marketingwissen einsetzen	wenig Machtbedürf-nis, interdisziplinäres Team, harmonisches Mit-einander, Verantwortung über-nehmen	Teamplayer, integrierend, motiviert
Aufgaben	Verantwortung für einzelne kleine Pro-jekte	Daten recherchieren, auswerten, analy-sieren, Statistiken erstellen, Datenmaterial aufbe-reiten, vor Entscheidungs-trägern präsentieren	dazu beitragen, dass stylische Produkte entstehen, Kundenwünsche erfüllen	kreativ, zuverlässig, verbindlich, kontaktstark, selbstbewusst, selbstständig
Arbeitsorte	Großstadt, bevorzugt München (30 km Umkreis)	Kultur, Messen	Großstadt, internationales Flair, raus aus der Provinz	weltoffen, interessiert, umzugsbereit
Arbeitszeiten	Vollzeit, Überstundenbereit-schaft	Arbeit ist mir wichtig	will Leistung bringen, brauche Anerkennung	leistungsbereit, leistungsfähig, motiviert, belastbar, flexibel
Arbeitsentgelt	4300 € brutto/Monat	Existenz sichern, genug Geld für Reisen und Messebe-suche	Sicherheitsbedürfnis	unabhängig, freiheitsliebend
Annas neues berufliches Ziel	Marketing-Assistentin/-Referentin in einem internationalen Konzern oder bei einem Mittelständler der Möbelbranche. Arbeitsort: München, Arbeitszeit: Vollzeit, Arbeitsentgelt: 4300 € brutto/Monat			

Das Perfect Matching von Anna: Potenzial

Fähigkeiten	Qualifikationen	Tätigkeitsfelderfahrungen	Branchenerfahrungen
betriebswirtschaftliches Know-how Marketingkenntnisse (alt) Statistik	Diplom-Betriebswirtin (FH), Schwerpunkt internationales Marketing	keine längere Erfahrung im Tätigkeitsfeld Marketing, aber ...	keine längere Erfahrung in der Branche Möbel, aber ...
Deutsch Muttersprache (textsicher) Englisch fließend in Wort und Schrift Französisch fließend in Wort und Schrift	Zertifikate in Englisch und Französisch (Highschool-Jahr in den USA in der 10. Klasse, 2 Auslandssemester in Frankreich)		
MS-Office (Word, Excel, PowerPoint, Outlook), SAP, CRM-Software Organisationstalent Kommunikationsfähigkeit	EDV-Zertifikate in MS-Office, SAP, CRM-Software (IHK-Kurse)		
Bisherige Aufgaben Annas			
■ Kundenberatung und -betreuung ■ Angebotszusammenstellung ■ Reklamationsbearbeitung ■ Terminabsprachen ■ Stammdatenpflege in SAP		11 Jahre Assistentin im Vertriebsinnendienst	11 Jahre Maschinen- und Anlagenbau in einem kleineren Industriebetrieb mit weniger als 70 Mitarbeitern
■ Lieferantenbetreuung ■ Bestellabwicklung ■ Vorbereitung von Meetings ■ Protokollieren ■ Terminabsprachen		3 Jahre Teamassistentin im Einkauf	3 Jahre Automobilbranche in einer Konzernstruktur mit über 5000 Mitarbeitern
■ Kundenbefragungen (Fragebogen entwickelt) ■ Datenauswertung und -aufbereitung ■ Präsentieren vor Entscheidern ■ Ausarbeiten einer Marketingstrategie für einen Bürostuhl		1 Jahr Assistentin im Marketing	1 Jahr Büromöbelproduzent in einem mittelständischen Industriebetrieb mit über 600 Mitarbeitern
■ Kennenlernen von und Mitarbeit bei Kundenbefragungen, Datenerhebung, -auswertung und -interpretation ■ Informationsrecherchen ■ Entwerfen von Logos und Slogans ■ Administration		Praktika während des Studiums: ■ Marketingabteilung ■ Werbeagentur	6 Monate Hersteller von Wohnaccessoires mit weniger als 36 Mitarbeitern 3 Monate in einer Full-Service-Werbeagentur
■ Telefonische Kundenbefragung ■ Protokollieren der Daten		Job während des Studiums: ■ freie Mitarbeiterin Marktforschung	Über 2 Jahre mit ca. 4 Wochenstunden Marktforschungsinstitut

Mein Perfect Matching: Träume

	Vorstellungen	Interessen	Bedürfnisse	Eigenschaften
Branchen				
Unternehmens-strukturen				
Tätigkeitsfelder				
Positionen				
Aufgaben				
Arbeitsorte				
Arbeitszeiten				
Arbeitsentgelt				
Mein neues beruf-liches Ziel				

Mein Perfect Matching: Potenzial

Fähigkeiten	Qualifikationen	Tätigkeitsfelderfahrungen	Branchenerfahrungen

Meine bisherigen Aufgaben

Hindernisse überwinden

Natürlich muss das Ergebnis einer Passungsprüfung zwischen Träumen und Potenzial nicht so stimmig aussehen wie bei Anna. Annas neues berufliches Ziel und ihr Potenzial liegen relativ dicht beieinander. Obwohl sie kaum Erfahrung in der Möbelbranche und im Tätigkeitsfeld des Marketings mitbringt, hat sie gute Chancen, ihr Ziel zu erreichen. Denn Anna verfügt über die Befähigung für ihr neues berufliches Ziel und kann sich noch fehlende Kompetenzen aneignen. Anna bringt mit:

- die Qualifikation,
- die Fähigkeiten für das angestrebte Tätigkeitsfeld, die Position und Aufgaben,
- erste Tätigkeitsfelderfahrungen und ein nachvollziehbares und belastbares Interesse am Marketing,
- erste Branchenerfahrungen und ein nachvollziehbares und belastbares Interesse an Möbeln,
- die Eigenschaften für einen internationalen Konzern,
- die notwendige Bereitschaft und das Bedürfnisse für den Wechsel des Arbeitsortes.

Darüber hinaus will und kann Anna einen Auffrischungskurs im Geschäftsenglisch absolvieren und sich – als Sprungbrettweiterbildung – fachliches Zusatzwissen im Bereich Marketing bei der Industrie- und Handelskammer aneignen.
Prüfen Sie jetzt, wie es bei Ihrem Perfect Matching aussieht. Welche Kompetenzlücken müssen Sie noch schließen? Und wie schätzen Sie Ihr Potenzial ein, sich die fehlenden Kompetenzen anzueignen? Berücksichtigen Sie dazu die folgende Faustregel: Sie müssen entweder über eine zwingend geforderte Qualifikation bzw. einen vergleichbaren Abschluss als Eintrittskarte verfügen. Alle weiteren Anforderungen sind erfahrungsgemäß verhandelbar, sobald Sie eine hohe Bereitschaft, ein belastbares Interesse und die Befähigung zeigen, sich fehlende Fähigkeiten, Tätigkeitsfeld- und Branchenerfahrungen zügig anzueignen.

Nützlich kann es sein, einen Onlinetest zur Einschätzung Ihres intellektuellen Potenzials durchzuführen bzw. einen Coach oder einen Berater aufzusuchen. Vergleichen Sie dazu die Informationen zum Thema »Berufsorientierungstests« im ersten Kapitel »Träume ernst nehmen«.
Überlegen Sie einmal, in welchen Bereichen Ihre absoluten Stärken liegen: eher im intellektuellen Bereich, z. B. im Umgang mit Zahlen oder Worten? Oder liegt Ihre Stärke im handwerklich-technischen Bereich? Vielleicht haben Sie auch ein ausgesprochenes sportliches, musikalisches oder zeichnerisches Talent?
Nehmen Sie Ihre Überlegungen als Orientierungspunkte. Notieren Sie einige Ihrer Gedanken und prüfen Sie mithilfe der nächsten Übung Ihr Potenzial, sich fehlende Kompetenzen anzueignen.

Meine Gedanken zu meinem Perfect Matching

Übung 6 | **Schätzen Sie Ihr Potenzial ein!**

Ist die Übereinstimmung zwischen dem, was Sie wollen, und dem, was Sie dafür an Potenzial mitbringen, geringer als bei Anna? Müssen Sie noch wichtige Kompetenzen erwerben? Dann können Sie mit dieser Übung Ihre Befähigung einschätzen, sich das fehlende Potenzial anzueignen. Beantworten Sie zunächst die folgenden vier Fragen.

Wie dicht liegt mein Ziel an meiner alten beruflichen Tätigkeit bzw. an meinem Potenzialprofil?

_____

_____

_____

_____

Wie viele Kompetenzen muss ich noch erwerben?

_____

_____

_____

_____

Wie gern lerne ich generell und speziell das, was mir noch fehlt?

_____

_____

_____

_____

Wie leicht fiel mir das Lernen in Schule, Ausbildung und/oder Studium?

_____

_____

_____

_____

83

Übung 7 Grenzen akzeptieren

Wenn Sie gewahr werden, dass Ihre Befähigung, Ihr Potenzial, nicht dazu ausreicht, Ihr Ziel zu erreichen bzw. sich die noch fehlenden Kompetenzen anzueignen, ist das zunächst eine schwer verdauliche Erkenntnis. Niemand gesteht sich gern ein, an seine Grenzen zu stoßen. Und viele halten in so einem Fall an unerreichbaren Idealbildern fest, pflegen lebenslang eine leicht blutende Wunde der Unzufriedenheit und leben in Fluchtträumen und Ausreden. Machen Sie das nicht. Nutzen Sie Ihre Grenzerfahrung als Befreiungsschlag. Albert Einstein hat einmal Folgendes gesagt: »Jeder ist ein Genie. Aber wenn du einen Fisch danach bewertest, ob er auf einen Baum klettern kann, dann lebt er sein ganzes Leben in dem Glauben, er wäre dumm.«
Und wer in dem Glauben lebt, er sei dumm, braucht Fluchtträume und Ausreden, um sich wieder ins Gleichgewicht zu bringen. Wer jedoch akzeptiert, dass er als Fisch im Wasser lebt und schwimmen kann, der befreit sich von der Vorstellung, auf Bäume klettern zu müssen.
Seien Sie einmal ganz ehrlich zu sich selbst. Wo liegen Ihre Grenzen?

Habe ich die notwendige Qualifikation für mein neues berufliches Ziel?

Bin ich befähigt, mir fehlende Qualifikationen anzueignen?

Habe ich die notwendigen Fähigkeiten?

Bin ich befähigt, mir fehlende Fähigkeiten anzueignen?

Habe ich die notwendigen Tätigkeitsfelderfahrungen?

Kann ich fehlende Tätigkeitsfelderfahrungen durch meine Interessen ausgleichen?

Habe ich die notwendigen Branchenerfahrungen?

Kann ich fehlende Branchenerfahrungen durch meine Interessen ausgleichen?

Übung 8 — Ziel korrigieren

Wenn Ihre Befähigung nicht ausreicht, Ihr neues berufliches Ziel zu erreichen bzw. die noch fehlenden Kompetenzen zu erlangen, sollten Sie sich Ihren beruflichen Neuanfang nicht unnötig schwer machen, indem Sie an Ihrem Ziel zu lange festhalten. Korrigieren Sie besser Ihr Ziel, sonst besteht die Gefahr, dass Sie sich in Träume oder Ausreden flüchten. Schauen Sie sich Ihr Perfect Matching noch einmal genau an. Lesen Sie die Spalten von oben nach unten und von rechts nach links. Denken Sie einige Minuten darüber nach und stellen Sie Ihr berufliches Idealbild mit den folgenden acht Fragen auf den Boden der Realität.

Welche anderen Branchen kommen meinen Vorstellungen am nächsten, für die ich bereits Branchenerfahrungen mitbringe?

Welche anderen Unternehmensstrukturen kommen meinen Vorstellungen am nächsten, für die ich bereits Unternehmenserfahrung mitbringe?

Welche anderen Tätigkeitsfelder kommen meinen Vorstellungen am nächsten, für die ich bereits Tätigkeitsfelderfahrung mitbringe?

Welche anderen Positionen kommen meinen Vorstellungen am nächsten, für die ich bereits Positionserfahrung mitbringe?

Welche anderen Aufgaben kommen meinen Vorstellungen am nächsten, für die ich bereits Aufgabenerfahrungen, Fähigkeiten und Qualifikationen mitbringe?

Welche anderen Arbeitsorte kommen meinen Vorstellungen am nächsten, die realisierbar sind?

Welche anderen Arbeitszeiten kommen meinen Vorstellungen am nächsten, die realisierbar sind?

Welches Arbeitsentgelt ist für mich am Markt realistisch?

85

Hindernisse überwinden

Selbstvertrauen

Das dritte große Hindernis bei einem beruflichen Neuanfang ist die Angst vor Misserfolg. Viele Menschen hindert die Angst davor, bei der Umsetzung einer beruflichen Neuorientierung zu scheitern, die Entscheidung zu treffen, loszulegen. Selbst wenn die Bereitschaft hoch und die Befähigung vorhanden ist, ein neues berufliches Ziel zu erreichen, ohne den Glauben an sich selbst gelingt der berufliche Neuanfang selten. Aber warum?

Wenn wir beruflich neu anfangen wollen, wissen wir nicht, was uns in der neuen Position, der neuen Firma oder dem neuen Arbeitsumfeld erwartet. Und immer dann, wenn wir nicht mit Sicherheit wissen, was genau auf uns zukommt und ob wir den Aufgaben gewachsen sein werden, müssen wir darauf vertrauen, dass es funktionieren wird. Wir müssen an uns selbst, an unsere Befähigung und an unsere Bereitschaft glauben. Glauben heißt jedoch nicht wissen und so müssen wir lernen, mit Wahrscheinlichkeiten umzugehen, wo wir uns Sicherheiten wünschen.

Wenn eine Ihrer Ausreden, etwas nicht verändern zu können, darin besteht, dass Sie »ja etwas machen würden, aber einfach nicht wissen, ob es auch erfolgreich sein wird«, und »es viel zu riskant ist«, sollten Sie die Tipps und Übungen auf den folgenden Seiten beherzigen. Mit dieser Handvoll Übungen wird es Ihnen leichter gelingen, an sich selbst zu glauben und auf Ihre Anstrengungsbereitschaft und Befähigung zu vertrauen.

Selbstvertrauen kann Berge versetzen.

Stärken Sie Ihr Selbstvertrauen und den Glauben daran, dass Ihr beruflicher Neuanfang gelingen kann, indem Sie die folgenden fünf Punkte beachten:

- **Schauen Sie Ihren Ängsten ins Auge:** Benennen Sie konkret, wovor Sie Angst haben und wie Sie sich verhalten, wenn Sie diese Angst spüren.
- **Gehen Sie rücksichtsvoll mit sich um:** Setzen Sie sich nicht selbst unter Druck, sondern unterstützen Sie sich selbst.
- **Überhören Sie Bedenken anderer:** Umgeben Sie sich generell eher mit Menschen, die an Sie glauben und Sie unterstützen, und blenden Sie die Bedenken anderer aus.
- **Knüpfen Sie an positive Erfahrungen an:** Überlegen Sie einmal, welche vergleichbar schwierigen Veränderungssituationen Sie in der Vergangenheit bereits erfolgreich gemeistert haben.
- **Achten Sie auf eine gute körperliche Verfassung:** Ohne Vitalität wird eine anstrengende berufliche Veränderung schwer. Achten Sie deshalb darauf, dass es Ihnen körperlich gut geht.

Mit dem Fünf-Punkte-Plan in diesem Kapitel können Sie Ihr Selbstvertrauen und damit den Glauben daran, dass Ihr beruflicher Neuanfang gelingen kann, stärken.

Übung 9	Den eigenen Ängsten ins Auge schauen

Angst ist eine sinnvolle und wichtige Erfindung der Natur. Denn Angst warnt uns davor, unkalkulierbare Risiken einzugehen. Wenn die Angst jedoch dazu führt, dass wir Dinge vermeiden, sollten wir handeln. Denn unsere Angst vor etwas wird größer, wenn wir uns ihr nicht stellen. Und damit wird es immer schwieriger, den Sprung in einen beruflichen Neuanfang zu wagen. Schauen Sie deshalb genau, was Sie unsicher werden lässt und wie Sie sich verhalten, wenn Sie Angst haben. Beantworten Sie dazu die folgenden Fragen.

Was verunsichert mich bei dem Gedanken, mein neues berufliches Ziel umzusetzen?

Was erlebe ich dabei als bedrohlich?

Wie verhalte ich mich, wenn ich Angst habe?

Was verpasse ich durch mein Angstverhalten?

Wie realistisch ist meine Angst?

87

Übung 10 | Rücksichtsvoll mit sich selbst umgehen

Wir alle haben eine innere Stimme, die pausenlos mit uns spricht. Wir sind uns dessen vielleicht nicht immer bewusst, aber wenn wir uns einmal selbst beobachten, merken wir, dass wir leise Selbstgespräche führen: »Ich darf keine Fehler machen. Ich muss stark sein. Ich kann das nicht. Das darf ich nicht.« Diese innere Stimme ist die Stimme des Selbstzweifels und der Kritik. Und viele der Dinge, die diese Stimme sagt, sind die Erziehungsbotschaften unserer Eltern, Partner oder Chefs. Wir müssen aber nicht so mit uns selbst sprechen, wie das andere getan haben oder immer noch tun. Wir können uns entscheiden, rücksichtsvoll mit uns selbst umzugehen, und die Methode des freundlichen Selbstgesprächs nutzen. Einige hilfreiche Sätze genügen, um in unsicheren Momenten Selbstzweifel zu überwinden: »Das traue ich mir zu. Ich bin gut vorbereitet. Ich kann das. Es kann nichts Schlimmes passieren.« Notieren Sie nun einige Sätze, die für Sie hilfreich sind.

Nutzen Sie bei dieser Übung auch externe Informationsquellen, um Ihre selbstkritischen Sätze auf ihren Realitätsgehalt zu prüfen (vgl. z. B. Institut für Beschäftigung und Employability in Ludwigshafen oder Institut für angewandte Arbeitswissenschaften in Düsseldorf). Falls Sie z. B. vor 1970 geboren wurden: Einer Studie nach ist Ihre Generation besonders zuverlässig und leistungsorientiert, hat mehr Sozialkompetenz, mehr Gelassenheit, mehr Verantwortungs- und Pflichtgefühl, mehr Qualitätsbewusstsein und bringt ein umfangreiches Erfahrungswissen mit. Wenn daraus keine hilfreichen Sätze werden können! Aber selbstverständlich haben auch die Jüngeren Pluspunkte. Machen Sie sich diese klar! Lösen Sie mithilfe der Methode des freundlichen Selbstgesprächs Blockaden und formulieren Sie selbstkritische Sätze in hilfreiche Sätze um, z. B. statt »Mich will keiner mehr, ich bin schon zu alt«: »Ich bringe viel Erfahrung mit.«

Meine hilfreichen Sätze

	Aus diesen selbstkritischen Sätzen	... werden diese hilfreichen Sätze.
1		
2		
3		
4		
5		

Übung 11 Bedenken anderer überhören

Besonders in Situationen, in denen wir uns unserer Sache nicht sicher sind, sind wir leicht zu irritieren. Dann gewinnen Bedenkenträger großen Einfluss auf uns. Sie füttern Selbstzweifel und verunsichern uns noch mehr. Wir sollten uns deshalb generell eher mit Menschen umgeben, die uns etwas zutrauen, die an uns glauben und uns unterstützen. Überlegen Sie in den nächsten Minuten, welche fünf Menschen in Ihrem Umfeld an Sie und Ihr neues berufliches Ziel glauben und wer Sie dabei unterstützt, dass Sie Ihr Ziel erreichen können. Notieren Sie die Namen und wodurch Sie sich unterstützt fühlen. Überlegen Sie auch, welche fünf Menschen in Ihrem Umfeld daran zweifeln, dass Sie Ihr neues berufliches Ziel erreichen werden. Notieren Sie deren Namen ebenso und überlegen Sie, ob und, wenn ja, wie Sie diesen Menschen aus dem Weg gehen können.

Es ist jedoch nicht immer leicht oder möglich, Menschen in unserem Umfeld zu meiden, die uns mit ihren Bedenken verunsichern. Hier helfen imaginäre Ohrstöpsel. Lernen Sie, die Bedenken anderer zu überhören oder auszublenden. Das ist eine sehr wirkungsvolle Methode, um den Glauben an sich selbst nicht zu verlieren.

Mein Umfeld

Unterstützer		Bedenkenträger	
Namen	Unterstützung durch	Namen	aus dem Weg gehen durch
1			
2			
3			
4			
5			

Übung 12 **An positive Erfahrungen anknüpfen**

Überlegen Sie, welche vergleichbar schwierigen Veränderungen Sie bereits gemeistert haben. Knüpfen Sie an diese positiven Erfahrungen an. Damit stärken Sie Ihr Selbstvertrauen für Ihren beruflichen Neuanfang. Denn unser Selbstvertrauen wird stark, wenn wir uns bewusst machen, dass wir in unserem Leben schon viele positive Erfahrungen gesammelt haben, weil uns Vorhaben gelungen sind.
Und Sie haben bereits viele dieser Erfahrungen gesammelt! Sie können diese vielleicht nicht konkret benennen oder Ihre innere kritische Stimme oder die äußeren Bedenkenträger hindern Sie daran, zu sehen, dass Sie Ihr Leben mit all den Veränderungen zu einem großen Teil ganz gut geregelt bekommen und sich eigentlich selbst vertrauen könnten, dass Sie auch Ihren beruflichen Neuanfang meistern werden.
Heben Sie Ihren Erfahrungsschatz!

Welche vergleichbar schwierigen privaten Veränderungen habe ich in meinem Leben bereits gemeistert?

_____

_____

_____

_____

_____

Welche vergleichbar schwierigen beruflichen Veränderungen habe ich in meinem Leben bereits gemeistert?

_____

_____

_____

_____

_____

Was habe ich damals konkret getan, um die Veränderung zu meistern?

_____

_____

_____

_____

_____

_____

Übung 13	Auf eine gute körperliche Verfassung achten

Wie kann ich meine gute körperliche Verfassung sicherstellen?

Unsere körperliche Verfassung hat unmittelbar Auswirkung auf unser Selbstvertrauen. Wer sich krank, schlapp und kraftlos fühlt, lässt sich viel schneller verunsichern und traut sich weniger zu als der, der in körperlich guter Verfassung ist. Für Ihre berufliche Veränderung benötigen Sie mehr Energie, als wenn Sie alles beim Alten belassen. Deshalb lohnt es sich besonders jetzt darauf zu achten, gesund und vital zu sein und zu bleiben. Dazu brauchen Sie Energiequellen. Beachten Sie bei dieser Übung die klassischen fünf Gesundmacher: ausreichend Bewegung, gesunde Ernährung, erholsamer Schlaf, niedriger Stresspegel und der Verzicht auf Nikotin und Alkohol.

Hindernisse überwinden

Möglichkeiten

Wie sieht Ihre aktuelle Lebenssituation aus? Von welcher Ausgangsposition starten Sie zu Ihrem Ziel? Manchmal hält das Leben Umstände bereit, die einen beruflichen Neuanfang schwierig, wenn nicht gar unmöglich machen. Eine prekäre finanzielle Ausgangssituation, gesundheitliche Einschränkungen oder ein Übermaß an familiären Verpflichtungen können ein schier nicht zu überwindendes Hindernis darstellen.

Ein beruflicher Neuanfang braucht günstige Rahmenbedingungen, ohne Zweifel. Wer sich neben einer Vollzeitanstellung um die eigenen Kinder und die pflegebedürftigen Eltern kümmert, wer nach einem Unfall mit schweren Verletzungen im Krankenhaus liegt oder wer gerade eine Privatinsolvenz angemeldet hat, wird die Möglichkeit für eine berufliche Neuorientierung nicht haben. Obwohl gerade in solchen Situationen der Wunsch nach einer Veränderung und nach mehr Leichtigkeit groß ist und kritische Lebenssituationen durchaus den Impuls für eine berufliche Neuorientierung geben können, ist es eher unwahrscheinlich, dass in großen Krisen eine realisierbare berufliche Neuorientierung nachhaltig umgesetzt werden kann.

Die Umstände sind nüchtern betrachtet jedoch nicht immer so dramatisch. Vielleicht haben Sie de facto wenig Zeit und wenig Energie übrig, um sich auch noch um die berufliche Neuorientierung zu kümmern. Aber die Umstände dafür verantwortlich machen, dass das so ist, bringt Sie nicht weiter. Die Umstände sind es selten, die ein wirkliches Hindernis darstellen. Viel häufiger sind es unsere Betrachtungsweisen, die uns im Weg stehen.

Wenn eines Ihrer Hindernisse auf dem Weg zu Ihrem neuen beruflichen Ziel die äußeren Umstände zu sein scheinen, Ihre Familie, die nicht mitziehen will, offizielle Stellen, die nicht mitspielen wollen, Ihre Gesundheit oder die finanzielle Situation, sollten Sie die Tipps und Übungen auf den nächsten Seiten beherzigen.

Die Umstände sind selten daran schuld, dass ein beruflicher Neuanfang unmöglich scheint.

Mit den folgenden fünf Übungen können Sie Ihre Rahmenbedingungen leichter daraufhin prüfen, ob für Sie aktuell eine berufliche Neuorientierung überhaupt zu realisieren ist. Führen Sie eine Realitätsprüfung durch, indem Sie die folgenden fünf Punkte beachten:

- **Fakten von Betrachtungsweisen trennen:** Benennen Sie zunächst einmal Ihre konkrete Ausgangssituation.
- **Auswirkungen anschauen:** Notieren Sie, welche Auswirkungen Ihre Ausgangssituation für Ihren beruflichen Neuanfang hat.
- **Einflussmöglichkeiten auf Fakten prüfen:** Schauen Sie Ihre Ausgangssituation noch einmal an und prüfen Sie, welche Einflussmöglichkeiten Sie auf die Fakten haben.
- **Einflussmöglichkeiten auf Betrachtungsweisen prüfen:** Schauen Sie jetzt einmal Ihre Betrachtungsweise der Fakten näher an. Prüfen Sie, ob es vielleicht möglich und hilfreich wäre, darauf Einfluss zu nehmen.
- **Weiterer Fakten- und Betrachtungsweisencheck:** Prüfen Sie weitere potenzielle Fakten und Ihre Betrachtungsweise darauf, inwieweit sie den Weg zu Ihren Zielen versperren.

Sicher kennen Sie das Gelassenheitsgebet des US-amerikanischen Theologen Reinhold Niebuhr: »Gott gebe mir die Gelassenheit, Dinge hinzunehmen, die ich nicht ändern kann, den Mut, Dinge zu ändern, die ich ändern kann, und die Weisheit, das eine vom anderen zu unterscheiden.« Gehen Sie mit Gelassenheit, mit Mut und Weisheit an die fünf Übungen auf den nächsten Seiten.

Übung 14 | Fakten von Betrachtungsweisen trennen

Eine Betrachtungsweise ist wie eine Brille mit einer bestimmten Tönung. Ist die Brille rosa getönt, sehen wir die Welt in Rosatönen. Haben wir eine rot gefärbte Brille auf, sehen wir rot. Die Dinge in der Welt ändern ihre Farbe durch die Brille nicht wirklich, aber unsere Wahrnehmung ist jeweils eine ganz andere. Im Alltag ist es oft nicht leicht, die Dinge und die Brille auseinanderzuhalten. Wenn es im Büro z. B. wieder einmal hoch hergeht und Kollegin Meier einen Aktenordner ins Regal zurückstellt, statt ihn wie besprochen auf Ihren Tisch zu legen. Frau Meier hat Sie heute Morgen auch nicht gegrüßt. Und Sie selbst fühlen sich schon seit Tagen leicht erkältet und dadurch dünnhäutig. Ruckzuck haben Sie in so einer Situation die Brille »Meier mag mich nicht« auf.

Obwohl Frau Meier einfach gestresst ist und vergessen hat, Sie zu grüßen und den Aktenordner bei Ihnen auf den Tisch zu legen.

Bei einer beruflichen Neuorientierung kann das gleiche Phänomen auftreten. Es besteht die Gefahr, dass Sie eine ungünstige Brille aufsetzen und Ihre Rahmenbedingungen als Hindernisse wahrnehmen, obwohl das gar nicht so sein müsste.

Setzen Sie in den nächsten Minuten alle Brillen ab und schauen Sie ungefiltert auf die Fakten. Schauen Sie dabei auf die Faktoren mit der größten Auswirkung auf eine berufliche Neuorientierung: Finanzen, Gesundheit und Familie.

Meine Ausgangssituation

finanziell	gesundheitlich	familiär
Aktuell finanziere ich mich durch:	So schätze ich meine gesundheitliche Belastbarkeit ein:	Meine familiären Pflichten sind:
Monatlich steht so viel Geld zur Verfügung:	So schätze ich meine psychische Belastbarkeit ein:	Aktuell benötige ich so viel Zeit pro Woche für meine Kernfamilie (Mein Lebenspartner, meine Kinder):
Am Monatsende bleibt so viel Geld übrig:	So schätze ich meine körperliche Belastbarkeit ein:	Aktuell benötige ich so viel Zeit pro Woche für meine Herkunftsfamilie (Meine Eltern und Geschwister):

93

Hindernisse überwinden

Übung 15   Auswirkungen anschauen

Die Dinge sind an sich nicht gut oder schlecht. Sie haben lediglich bestimmte Auswirkungen auf unser Leben und auf unsere Ziele. Prüfen Sie mithilfe dieser Übung, welche Auswirkungen Ihre finanzielle, gesundheitliche und familiäre Ausgangssituation für Ihre berufliche Neuorientierung hat.

Starte ich aus einer sicheren finanziellen Situation?

Zum Beispiel durch ein Finanzpolster oder ein sicheres Arbeitsverhältnis?

_____

Wenn nein, welche Auswirkungen hat das z. B. auf Zeitpunkt und Ziel meiner Veränderung?

_____

_____

_____

Bringe ich momentan die nötige psychische und physische Belastbarkeit mit?

_____

Wenn nein, welche Auswirkungen hat das z. B. auf Zeitpunkt und Ziel meiner Veränderung?

_____

_____

_____

Bin ich in meinen familiären Pflichten flexibel genug für einen neuen beruflichen Start?

_____

Wenn nein, welche Auswirkungen hat das z. B. auf Zeitpunkt und Ziel meiner Veränderung?

_____

_____

_____

_____

Welche Auswirkungen hat meine Ausgangssituation für meine berufliche Neuorientierung?

_____

_____

_____

_____

Übung 16 — Einflussmöglichkeiten auf Fakten prüfen

Hindern Sie die Auswirkungen Ihrer finanziellen, gesundheitlichen oder familiären Ausgangssituation daran, Ihr Ziel anzusteuern? Für eine berufliche Neuorientierung benötigen Sie Zeit und Energie. Wer z. B. aufgrund eines schlecht bezahlten Vollzeitjobs und vor dem Hintergrund finanzieller Verpflichtungen zusätzliches Geld in einem Nebenjob verdienen muss, der hat wahrscheinlich zu wenig Zeit und Energie für die berufliche Neuorientierung.

Hier kann ein Faktencheck helfen. Prüfen Sie, ob Sie, zumindest vorübergehend, an den drei Faktoren mit der größten Auswirkung auf eine berufliche Neuorientierung – Finanzen, Gesundheit und Familie – etwas ändern können. Wenn Sie Möglichkeiten entdecken, dann seien Sie mutig und ändern Sie etwas!

Welche Kosten kann ich senken?

Wo kann ich Zeit sparen?

Wie kann ich meine psychische Belastbarkeit stärken?

Wie kann ich meine körperliche Belastbarkeit stärken?

Welche Pflichten in meiner Kernfamilie kann ich abgeben?

Welche Pflichten in meiner Herkunftsfamilie kann ich abgeben?

Welche Einflussmöglichkeiten habe ich sonst noch auf meine Ausgangssituation?

Übung 17	Einflussmöglichkeiten auf Betrachtungsweisen prüfen

Wie kann ich meine Betrachtungsweise ändern?

Nichts zu machen? Haben Sie de facto keinen Einfluss auf die drei wesentlichen Bestimmungsfaktoren Ihrer Ausgangssituation? Können Sie weder Kosten senken noch Zeit sparen, weder Ihre psychische noch Ihre körperliche Belastbarkeit stärken und auch auf Ihre familiären Verpflichtungen in der Kern- und Herkunftsfamilie haben Sie keinen Einfluss? Dann heißt es zunächst, mit Gelassenheit festzustellen, dass es so ist.

Sie können allerdings noch mehr tun. Sie haben nämlich noch einen Trumpf im Ärmel: Ihre Betrachtungsbrille. Wer z. B. durch eine Brille mit Katastrophentönung schaut, wird dazu neigen, eine unsichere finanzielle Ausgangssituation und die Notwendigkeit des Nebenjobs als unüberwindliches Hindernis zu sehen und daraus zu schließen, dass eine berufliche Neuorientierung niemals umsetzbar sein wird.

Wer hingegen durch eine Betrachtungsbrille mit einer rosa Färbung schaut, sieht wohl die unsichere finanzielle Ausgangssituation und den zeitlichen Engpass durch den Nebenjob, aber eben auch z. B. die zwei Stunden Zeit pro Woche, die er für seine berufliche Neuorientierung einsetzen kann. Mit einer veränderten Betrachtungsweise erkennt und akzeptiert man eher, dass die berufliche Neuorientierung je nach Ausgangssituation einen kürzeren oder eben längeren Zeitraum in Anspruch nehmen wird. Dadurch fällt es leichter, den ersten Schritt zu gehen. Prüfen Sie, ob Sie die richtige Brille aufhaben!

Übung 18 **Weiterer Fakten- und Betrachtungsweisencheck**

Welche weiteren äußeren Umstände bzw. Betrachtungsweisen hindern mich daran, meine berufliche Neuorientierung umzusetzen?

Die Faktoren mit der größten Auswirkung auf eine berufliche Neuorientierung sind: Finanzen, Gesundheit und Familie. Denn diese Faktoren wirken sich unmittelbar auf die Zeit und die Energie aus, die Sie für Ihren beruflichen Neuanfang benötigen werden. Nun kann es natürlich sein, dass Sie sich in Ihrer aktuellen Lebenssituation genau mit diesen oder auch mit ganz anderen schwierigen Umständen herumschlagen müssen. Vielleicht ziehen Sie zusätzlich zu Ihrer beruflichen Veränderungssituation privat gerade von Hamburg nach Karlsruhe um. Vielleicht sind Sie auch hoffnungslos verliebt und deshalb unglücklich. Vielleicht haben Sie gerade das elterliche Haus in Dresden geerbt und befinden sich in einer lähmenden Trauer um den verstorbenen Vater. Viele dieser äußeren Umstände können zu Hindernissen, aber auch zu Energiequellen werden. Notieren Sie sich weitere Fakten, aber auch Ihre Betrachtungsweisen, die Sie in Ihrer aktuellen Lebenssituation daran hindern, Ihr neues berufliches Ziel umzusetzen. Sie können bei jeglichen äußeren Hindernissen in vier Schritten vorgehen, wie Sie es auf den letzten Seiten kennengelernt haben, und prüfen, ob ein anscheinend tatsächliches Hindernis vielleicht nur ein vermeintliches Hindernis ist.

- Listen Sie die Fakten Ihrer äußeren Umstände auf, die Sie daran hindern, Ihr neues berufliches Ziel umzusetzen.
- Notieren Sie, welche Auswirkungen diese Fakten für die Umsetzung Ihres neuen beruflichen Ziels haben.
- Prüfen Sie, welchen Einfluss Sie auf die Fakten haben, wo Sie ganz konkret ansetzen können, um mehr Zeit und Energie für Ihre berufliche Neuorientierung zur Verfügung zu haben.
- Prüfen Sie, welchen Einfluss Sie auf Ihre Betrachtungsweise haben, ob Sie z. B. sehen und akzeptieren können, dass Sie für Ihre berufliche Neuorientierung aufgrund Ihrer Ausgangssituation vielleicht einfach längere Zeit benötigen werden.

Bilanz ziehen

Welcher Satz, welche Frage oder welche Übung hat Ihnen in diesem Kapitel den entscheidenden Impuls für den Start Ihres beruflichen Neuanfangs gegeben?

Mit den 18 Übungen auf den zurückliegenden Seiten haben Sie die vier Haupthindernisse kennengelernt, die den meisten Menschen bei der beruflichen Neuorientierung im Weg stehen. Und Sie haben Ihr persönliches Hindernismanagement installiert. Fassen Sie zum Abschluss des Kapitels diese vier Hindernisse noch einmal auf einen Blick zusammen:

- **Fehlende Bereitschaft,** die notwendige Anstrengung für die berufliche Veränderung aufzubringen, d. h. beruflich mehr zu wollen, als man bereit ist, an Zeit und Energie einzusetzen.

- **Fehlende Befähigung,** das Ziel zu erreichen bzw. sich fehlende Kompetenzen für das neue berufliche Ziel anzueignen, und die Unfähigkeit, Grenzen zu akzeptieren und Ziele zu korrigieren, wenn das notwendig wird.

- **Fehlendes Selbstvertrauen,** trotz hoher Anstrengungsbereitschaft und ausreichender Befähigung daran zu glauben, dass man den beruflichen Neuanfang schaffen kann.

- **Fehlende Möglichkeiten,** aufgrund von Rahmenbedingungen, auf die man keinen Einfluss hat bzw. meint, keinen Einfluss zu haben, und die einen beruflichen Neuanfang faktisch oder auch nur subjektiv unmöglich machen.

Benennen und notieren Sie konkret, was Sie über sich herausgefunden haben. Entwickeln Sie so Ihr persönliches Hindernismanagement. Ergänzen Sie dazu jeweils den folgenden Satzanfang:

> **Die noch fehlende Bereitschaft, mich mehr als gewöhnlich anzustrengen, kann ich aufbringen, indem ich ...**

> **Die noch fehlende Befähigung für mein Ziel kann ich aufbringen, indem ich ...**

> **Das noch fehlende Selbstvertrauen für mein Ziel kann ich aufbringen, indem ich ...**

Die noch fehlenden Möglichkeiten für mein Ziel kann ich schaffen, indem ich ...

_____

_____

_____

_____

Für das Erreichen Ihres neuen beruflichen Ziels spielt Ihr Umgang mit den Hindernissen »fehlende Bereitschaft«, »fehlende Befähigung«, »fehlendes Selbstvertrauen« und »fehlende Möglichkeiten« eine wichtige Rolle. Denn Ihr Umgang mit diesen Hindernissen bestimmt darüber, ob und wie erfolgreich Sie Ihr Ziel erreichen werden. Die Kunst besteht zunächst darin, die eigenen Hindernisse zu erkennen und ehrlich dazu zu stehen. Denn wer stets mehr will, als er bereit oder befähigt ist einzusetzen, der macht es sich unnötig schwer. Wenn Sie ein Ziel über längere Zeit nicht erreichen, dann prüfen Sie, ob Sie bereit und befähigt sind, Ihren Einsatz zu erhöhen, um das Ziel zu erreichen. Wenn dies nicht der Fall ist, dann akzeptieren Sie Ihre Grenzen und korrigieren Ihre Zielvorstellung. Wenn Sie dazu nicht bereit sind, bleibt Ihnen der Ausweg der Ausreden, der allerdings direkt in die Unzufriedenheit führt. Wenn Sie die Angst vor Misserfolg daran hindert, den beruflichen Neuanfang zu wagen, können Sie Ihr Selbstvertrauen stärken. Und wenn es ungünstige Umstände sind, können Sie lernen, die Fakten von den Betrachtungsweisen zu trennen und Ihre Einflussmöglichkeiten auf die Fakten, aber auch auf Ihre Betrachtungsweise, zu nutzen. Mit den Übungen und Anregungen in diesem Kapitel sind Sie auf Ihrem Weg ein gutes Stück weitergekommen. Und Sie haben Ihre Antwort auf die Frage präzisiert, was Sie eigentlich daran hindert, das, was Sie wirklich wollen, mit dem Potenzial, das Sie dafür mitbringen, umzusetzen. Jetzt steht tatsächlich die Entscheidung an.

Im nächsten Kapitel »Entscheidungen treffen« dreht sich alles um die Frage, wie Sie den Mut aufbringen können, um Ihre Entscheidung zu treffen und mit der Umsetzung Ihrer beruflichen Neuorientierung anzufangen. Dafür werden wir uns vier »Entscheidungshelfer« anschauen, die es Ihnen leichter machen werden, Ihren beruflichen Neuanfang zu realisieren:

- Folgen abschätzen,
- Entscheidungsbalance herstellen,
- Entscheidung absichern,
- Entscheidung treffen.

Gehen Sie mit den Übungen im nächsten Kapitel diesen entscheidenden Schritt. Stärken Sie damit Ihre Entscheidungskraft und starten Sie Ihren beruflichen Neuanfang. Heute!

Entscheidungen treffen

Wahlfreiheit nutzen

Wenn wir eine Entscheidung treffen, dann treffen wir eine Wahl zwischen mindestens zwei Möglichkeiten. In einer Phase der beruflichen Neuorientierung können wir zwischen Neuanfang und Status quo wählen. Wenn wir es ernst damit meinen, uns verändern zu wollen, dann müssen wir diese Entscheidung treffen. Keiner kann und keiner sollte uns diese Entscheidung abnehmen. Warum aber entscheiden wir uns nicht einfach, heute damit anzufangen, unser neues berufliches Ziel umzusetzen? Dafür gibt es zwei wesentliche Gründe. Erstens: Sich für etwas zu entscheiden, bedeutet Abschiednehmen. Abschiednehmen von Altbekanntem und Abschiednehmen von anderen Möglichkeiten. Wir begrenzen uns mit einer Entscheidung also selbst, trennen uns von der Illusion, dass noch alle Türen offen stehen. Legen uns auf eines fest und wissen doch gar nicht, ob es auch wirklich das Richtige für uns ist. Aber wir müssen uns entscheiden, um herauszufinden, ob die Entscheidung, im Nachhinein betrachtet, richtig war. Von Søren Kierkegaard stammt die Weisheit: »Es ist ganz wahr, was die Philosophie sagt, daß das Leben rückwärts verstanden werden muß. Aber darüber vergißt man den andern Satz, daß vorwärts gelebt werden muß.«

Zweitens: Diese Entscheidung nach vorn macht uns oft Angst, denn das, was wir noch nicht kennen, können wir, anders als Altbewährtes, nicht einschätzen. Das Altbewährte zu verlassen, ohne beim Neuen bereits angekommen zu sein, bedeutet, dass wir für eine gewisse Zeit sprichwörtlich in der Luft hängen. Wie muss sich wohl Christoph Kolumbus gefühlt haben, als er das europäische Festland auf seinem Schiff verlassen hat, ohne genau zu wissen, wo der nächste Kontinent liegt, und ohne Land zu sehen?

Beruflich neu anzufangen ist ein bisschen wie Amerika wiederentdecken.

Wie kommen wir aus diesem doppelten Dilemma heraus? Wie können wir unseren Mut stärken, um uns für ein Ziel zu entscheiden, wissend, dass wir uns damit gleichermaßen von der beruflichen Vergangenheit und den 1000 anderen Möglichkeiten verabschieden?

Um von einer Seite der Schlucht auf die andere Seite zu gelangen, muss man springen.

Auf den nächsten Seiten lernen Sie mit zwölf Übungen vier »Entscheidungshelfer« kennen, die Ihnen die Entscheidung erleichtern werden:

- **Folgen abschätzen:** Nehmen Sie gedanklich die potenziellen erwünschten und unerwünschten Auswirkungen einer Entscheidung für oder gegen Ihr neues berufliches Ziel vorweg.
- **Entscheidungsbalance herstellen:** Finden Sie die angemessene Ausgewogenheit von Kopf und Bauch.
- **Entscheidung absichern:** Schmieden Sie einen Plan B für den Fall, dass Ihre berufliche Neuorientierung ganz und gar nicht so verläuft, wie Sie sich das vorgestellt haben.
- **Entscheidung treffen:** Nutzen Sie die passende Gelegenheit, um Ihre Entscheidung zu treffen und mit der Umsetzung zu beginnen.

Mit den Übungen und Anregungen in diesem Kapitel wird es Ihnen leichterfallen, die richtige individuelle Entscheidung wirklich zu treffen.

Entscheidungmöglichkeiten vor Augen führen
Mithilfe der Übungen der letzten drei Kapitel kennen Sie jetzt ziemlich genau

- Ihr neues berufliches Ziel und damit das, was Sie brauchen, um zufrieden zu sein und zu bleiben;
- Ihr Potenzial und damit das, was Sie mitbringen, um das neue Ziel auch zu erreichen;
- Ihre Hindernisse und damit das, was Sie noch blockiert und was Sie überwinden können.

Notieren Sie hier und jetzt mit wenigen Worten, für welches neue berufliche Ziel Sie sich entscheiden wollen bzw. für welches »Altbewährte« Sie sich entscheiden würden, wenn Sie alles so belassen würden, wie es ist.

Entscheidungsmöglichkeit 1: Neuanfang

_____

_____

_____

Entscheidungsmöglichkeit 2: Altbewährtes

_____

_____

_____

Wenn Sie die Entscheidungsmöglichkeit »Neuanfang« noch nicht präzise mit wenigen Worten formulieren können oder wenn Sie sich noch nicht ganz sicher fühlen, ob Ihr neues berufliches Ziel wirklich das ist, was Sie wollen und realisieren können, sollten Sie noch einmal in den ersten beiden Kapiteln »Träume ernst nehmen« und »Potenziale erkennen« nachlesen, was Sie dort in den Übungen notiert haben.
Nehmen Sie sich dafür ruhig einige Minuten Zeit.

Vielleicht fällt es Ihnen jetzt auch sehr leicht, Ihr neues berufliches Ziel aufzuschreiben. Aber bei dem Gedanken, die unumstößliche Entscheidung dafür zu treffen, bekommen Sie Gänsehaut. Dann können Sie noch einmal im dritten Kapitel »Hindernisse überwinden« nachlesen, welches persönliche Hindernismanagement Sie bei der Bearbeitung der 18 Übungen entwickelt haben, um Stolpersteinen aus dem Weg zu gehen.
Und keine Sorge, es ist ganz normal, dass wir uns bei dem Gedanken, etwas zu verändern, unsicher fühlen. Denn das, was wir nicht kennen, können wir auch noch nicht richtig einschätzen. Diese Unsicherheit lässt uns an dem, was wir kennen, festhalten, aber irgendwann ist der Zeitpunkt gekommen, an dem wir den Anker lichten, das Alte loslassen und die Entscheidung treffen müssen. Sonst bleiben wir im Hafen stehen.

Auf den folgenden Seiten erfahren Sie, welche Entscheidungshelfer Sie brauchen werden, um Ihr persönliches Entscheidungsmanagement zu entwickeln und damit leichter nach vorn gehen zu können.

Entscheidungen treffen

Folgen abschätzen

Die Entscheidung für oder gegen ein neues beruf-liches Ziel hat Folgen. Und wir alle kennen diese endlos scheinenden gedanklichen Hin-und-her-Prozesse, in denen wir mögliche erwünschte und unerwünschte Auswirkungen einer Entscheidung wälzen. Stoppen Sie den Prozess des Grübelns und strukturieren Sie die potenziellen Auswirkun-gen der Entscheidung für oder gegen Ihr neues berufliches Ziel. Als Strukturierungshilfe können Sie die folgenden fünf Kriterien nutzen:

- **Pro und Kontra:** Was spricht für das neue beruf-liche Ziel, was dagegen?
- **Perspektive:** Woran wäre erkennbar, dass die Entscheidung für bzw. gegen das neue beruf-liche Ziel richtig bzw. falsch war?
- **Zeit:** kurz-, mittel- und langfristige Auswirkun-gen der Entscheidung.
- **Lebensbereich:** Auswirkungen der Entschei-dung auf das Berufs- und auf das Privatleben.
- **Handlungsebene:** Auswirkungen der Entschei-dung auf das Verhalten, das zum Erreichen des Ziels notwendig ist.

Natürlich ist es nicht möglich, alle Eventualitäten zu bedenken und vorauszudenken. Oftmals müs-sen wir eine Entscheidung treffen, ohne wirklich alle potenziellen Folgen dieser Entscheidung zu kennen. Und manchmal ist es sogar gut, dass wir nicht alle Folgen voraussehen. So manche Ent-scheidung würden wir wahrscheinlich nicht tref-fen, wenn wir alle Risiken im Voraus kennen wür-den.

Sich für etwas zu entscheiden, auch wenn man nicht alle Folgen abschätzen kann, ist besser, als irgendwann bereuen zu müssen, sich nie ent-schieden zu haben.

Stärken Sie Ihre Entscheidungskraft, indem Sie die folgenden drei Übungen durchführen:

- **Zweispaltenbilanz:** Stellen Sie eine Pro-und-Kontra-Bilanz auf, indem Sie alle Argumente sammeln, die für oder gegen Ihr berufliches Ziel sprechen. Dann gewichten Sie die einzel-nen Argumente.
- **Vierfelder-Folgenmatrix:** Stellen Sie die Krite-rien zusammen, anhand derer Sie erkennen würden, dass Ihre Entscheidung für oder gegen Ihr neues berufliches Ziel richtig oder falsch gewesen sein würde.
- **Zeit- und Raumachse:** Gehen Sie gedanklich durch Raum und Zeit und notieren Sie sich die potenziellen kurz-, mittel- und langfristigen Fol-gen, die eine Entscheidung für oder gegen Ihr neues berufliches Ziel auf Ihr Privat- und auf Ihr Berufsleben hätte.

Übung 1 Zweispaltenbilanz

Schreiben Sie das, was Sie ohnehin täglich in Ihren Gedanken hin- und herwälzen, strukturiert auf. Damit unterbrechen Sie das Grübeln darüber, ob Sie Ihr neues berufliches Ziel angehen sollen oder nicht, und darüber, was alles passieren kann, wenn Sie sich tatsächlich dafür entscheiden. Nehmen Sie sich 15 Minuten Zeit und notieren Sie alle Argumente, die für die Umsetzung Ihres beruflichen Ziels sprechen, und natürlich auch die Argumente, die dagegensprechen.

Für mein neues Ziel sprechen die Argumente ...

Gegen mein neues Ziel sprechen die Argumente ...

Und nun gewichten Sie Ihre Argumente!

Welches Argument für das neue berufliche Ziel wiegt schwerer als andere?

Welches Argument dagegen wiegt schwerer als andere?

Gibt es vielleicht sogar so etwas wie ein K.-o.-Argument, das alle anderen Argumente überlagert?

Entscheidungen treffen

Übung 2   **Vierfelder-Folgenmatrix**

Manchmal reicht die einfache Zweispaltenbilanz nicht aus, um in einer komplexen Entscheidungssituation zu einem Ergebnis zu kommen. Wenn Sie mit der einfachen Pro-und-Kontra-Betrachtung nicht weiterkommen und auch eine Gewichtung der Pro-und-Kontra-Argumente keine Entscheidung hervorgebracht hat, können Sie die folgende Vierfelder-Folgenmatrix nutzen. Nehmen Sie damit gedanklich die Zukunft vorweg.

Stellen Sie systematisch die Kriterien zusammen, anhand derer Sie in Zukunft erkennen würden, dass Ihre Entscheidung für oder gegen Ihr neues berufliches Ziel richtig oder falsch gewesen ist.

Denken Sie dabei an die unterschiedlichsten Punkte im neuen Job, z. B. an:
- die Arbeitsinhalte und Aufgaben,
- die Chefs und Kollegen,
- den Arbeitsort,
- das Gehalt und die Arbeitszeit,
- die Arbeitsplatzsicherheit,
- die Entwicklungsmöglichkeiten und Perspektiven.

Denken Sie aber auch an die Anstrengung, die es Sie kosten wird, und an das Risiko des Scheiterns mit seinen möglichen Folgen.

Nehmen Sie sich wieder 15 Minuten Zeit für diese Übung.

Meine Entscheidung im Rückblick

	Woran werde ich merken, dass es die richtige Entscheidung gewesen war?	Woran werde ich merken, dass es die falsche Entscheidung gewesen war?
Ich entscheide mich für das neue berufliche Ziel.		
Ich entscheide mich gegen das neue berufliche Ziel.		

Übung 3 — Zeit- und Raumachse

Sie können die Auswirkungen einer Entscheidung für oder gegen Ihr neues berufliches Ziel auch auf einer Zeit- und Raumachse abbilden. Damit ist es möglich, die Folgen der Entscheidung kurz-, mittel- und langfristig einzuordnen und auf Ihr Privat- und Berufsleben zu beziehen. Kurzfristig sind die Auswirkungen Ihrer Entscheidung für den beruflichen Neuanfang häufig mit mehr Anstrengung auf der Handlungsebene verbunden. Nur mit Anstrengung werden Sie mittel- und langfristig Ihr Ziel erreichen können. Die Folgen großer Anstrengungen können sein, dass Sie weniger Zeit und Energie für die Familie oder für andere Dinge haben, die Ihnen wichtig sind. Dazu muss man bereit und fähig sein.

Psychologen nennen die Fähigkeit, sich jetzt anzustrengen und erst später eine Belohnung dafür zu bekommen, die Fähigkeit zum Belohnungsaufschub. Dazu brauchen Sie Willenskraft, denn vorerst investieren Sie, ohne etwas dafür zurückzubekommen. Wenn Sie sich bei dieser Übung dabei ertappen, langsam, aber sicher dem Impuls nachzugeben, die Anstrengungen zu vermeiden, dann können Sie im Kapitel »Hindernisse überwinden« nachlesen, wie Sie Ihre Bereitschaft zur Anstrengung wieder steigern können.

Nehmen Sie sich für diese Übung 15 Minuten Zeit und notieren Sie alle Punkte, die Ihnen dazu einfallen, in der folgenden Matrix.

Die Folgen meiner Entscheidung für Berufs- und Privatleben

		Auswirkungen auf mein Privatleben	Auswirkungen auf mein Berufsleben
Ich entscheide mich für das neue berufliche Ziel.	kurzfristig		
	mittelfristig		
	langfristig		
Ich entscheide mich gegen das neue berufliche Ziel.	kurzfristig		
	mittelfristig		
	langfristig		

Entscheidungen treffen

▪ Entscheidungsbalance

Neben der Folgenabschätzung können wir eine weitere Hilfe nutzen, um uns die Entscheidung zu erleichtern: den individuellen Entscheidungsstil herausfinden.

Dazu ist es zunächst hilfreich, zu klären, welche Art von Entscheidung die persönliche berufliche Neuorientierung eigentlich ist.

Ist es eine kleine oder eine große Entscheidung, eine spontane, emotionale, zufällige oder rationale Entscheidung? Natürlich definiert jeder Mensch selbst, was für ihn eine kleine, große, spontane, emotionale, zufällige oder rationale Entscheidung darstellt.

Eine kleine Entscheidung kann es sein, morgens ein rotes oder ein weißes Hemd zu wählen. Eine große Entscheidung kann es sein, sich zwischen einer Fernreise nach Indien und einer Fernreise nach Argentinien zu entscheiden. Zwischen einem Rotwein und einem Weißwein zu wählen, kann eine spontane Entscheidung an einem Sommerabend sein. Sich zwischen Andreas und Christian zu entscheiden, kann emotional geprägt sein. Zufällig, ohne wirklich nachzudenken, entscheidet man sich vielleicht zwischen »nach Hause gehen« und »in der Kneipe sitzen bleiben«, wenn unverhofft ein Freund vorbeikommt. Und eine rationale Entscheidung treffen wir dann, wenn sehr viel davon abhängt, wie z. B. bei der Entscheidung zwischen »alles beim Alten lassen« und »beruflich neu anfangen«.

Beantworten Sie mithilfe der folgenden zwei Übungen diese Fragen und stärken Sie damit Ihre Entscheidungskraft:

- **Entscheidungssicherheit:** Schätzen Sie ein, wie entscheidungssicher Sie sind und um welche Art der Entscheidung es sich für Sie bei der beruflichen Neuorientierung handelt.
- **»Kopf« und »Bauch«:** Prüfen Sie, welches Gefühl Sie zu den bislang gesammelten verstandesmäßigen Informationen haben. Lassen Sie Ihren Bauch sprechen und hören Sie genau hin, was er Ihnen zu sagen hat. Bringen Sie dadurch Ihren Kopf und Ihren Bauch, Ihren Verstand und Ihr Gefühl, in Einklang.

Wie entscheidungssicher schätzen Sie sich selbst ein?

Welche Art von Entscheidung ist für Sie die berufliche Neuorientierung?

Wie können Sie Ihren Kopf und Ihren Bauch in Einklang bringen?

Übung 4   Wie entscheidungssicher sind Sie?

Nehmen Sie Rücksicht auf sich selbst. Gerade bei der beruflichen Veränderung sollten Sie sich nicht unnötig unter Druck setzen. Immerhin geht es um den Rest Ihres Lebens. Finden Sie zunächst heraus, wie entscheidungssicher Sie eigentlich sind und welche Art von Entscheidung Ihre berufliche Neuorientierung für Sie darstellt. So wird es Ihnen leichter gelingen, Kopf und Bauch in Einklang zu bringen. Beantworten Sie dazu in den nächsten 15 Minuten die folgenden zehn Fragen mit Ja oder Nein.

Ich treffe Entscheidungen generell eher schnell.

ja   ☐   nein ☐

Morgens vor dem Kleiderschrank fällt es mir leicht, mir etwas auszusuchen.

ja   ☐   nein ☐

Die tägliche Entscheidung, was ich zu Mittag esse, fällt mir leicht.

ja   ☐   nein ☐

Wenn ich ins Kino gehen will, fällt mir die Entscheidung für einen bestimmten Film leicht.

ja   ☐   nein ☐

Beim Einkaufen entscheide ich mich zügig.

ja   ☐   nein ☐

Die Entscheidung, wohin ich in Urlaub fahre, treffe ich eher schnell.

ja   ☐   nein ☐

Meine Ausbildungs- bzw. Studienwahl ist mir seinerzeit leichtgefallen.

ja   ☐   nein ☐

Bei der Wohnungssuche zögere ich nicht lange. Wenn mir eine Wohnung gefällt, entscheide ich mich sofort dafür.

ja   ☐   nein ☐

Auf welche Stellenanzeigen ich mich bewerbe, entscheide ich schnell.

ja   ☐   nein ☐

Die Entscheidung zwischen den verschiedenen beruflichen Möglichkeiten ist mir leichtgefallen.

ja   ☐   nein ☐

Je häufiger Sie mit Ja antworten konnten, desto entscheidungssicherer sind Sie.

Gehen Sie jetzt einen Schritt weiter. Prüfen Sie, welches Gefühl Sie zu den bislang gesammelten verstandesmäßigen Informationen haben.

Die Entscheidung für ein neues berufliches Ziel ist für viele Menschen eine große und wichtige Entscheidung mit weitreichenden Folgen. Die meisten Menschen neigen bei wichtigen und riskanten Entscheidungen dazu, sehr viele rationale Informationen zu sammeln, um möglichst objektiv vergleichen zu können, welche Entscheidung wie gut oder schlecht für sie wäre.

Bislang haben Sie mithilfe der Übungen in diesem Kapitel genau das getan. Sie haben die potenziellen erwünschten und unerwünschten Folgen der Entscheidung für oder gegen Ihr neues berufliches Ziel auf ganz unterschiedlichen Ebenen angeschaut. Sie haben aufgelistet, was für Ihr neues berufliches Ziel spricht und was dagegen. Manchmal reicht das aber noch nicht aus. Manchmal ist die Menge an rationalen Informationen sogar so groß, dass man vor lauter Bäumen den Wald nicht mehr sieht.

Wenn es Ihnen trotz oder vielleicht wegen der Fülle an rationalen Informationen noch schwerfällt, eine Entscheidung für oder gegen Ihr Ziel zu treffen, liegt das daran, dass es nicht allein Ihr Kopf ist, der die Entscheidung trifft. Der stärkste und beste Entscheider, den Sie haben, Ihr Bauch, rebelliert vielleicht noch.

Warum? Nun, im Lauf Ihres Lebens haben Sie einen großen Vorrat an Erfahrungen gesammelt. Und jede einzelne Erfahrung ist in Ihrem Gehirn mit unterschiedlichen Konsequenzen verbunden. Wenn Sie z. B. etwas Schlechtes gegessen haben und sich aufgrund einer Lebensmittelvergiftung häufig übergeben mussten, werden Sie möglicherweise den Geschmack des bestimmten Lebensmittels ein Leben lang mit dieser unangenehmen Konsequenz verbinden. Gespeichert werden diese Erinnerungen in Ihrem Gedächtnis, und zwar mit einem »Gefühlsmarker«, wie das der Hirnforscher Antonio Damasio (1994) benannt hat. In unzähligen »Gefühlsmarkern« ist Ihre gesamte Lebenserfahrung gespeichert. Zu allem, was Sie jemals gemacht haben, existiert ein Gefühl in Ihnen. Und daraus erwächst Ihre Intuition. Und Ihre Intuition warnt Sie jetzt, in der Entscheidungssituation für oder gegen Ihren beruflichen Neuanfang, vielleicht schon vor Gefahren auf dem Weg zu Ihrem neuen beruflichen Ziel, die Ihr Verstand noch gar nicht sieht.

Ihre Intuition schätzt sehr schnell und sehr sicher ein, was für Sie gut und was für Sie schlecht ist. Sie müssen nur auf Ihr Gefühl hören und sprichwörtlich »aus dem Bauch heraus entscheiden« lernen. Dazu sollten Sie sich ein wenig Zeit nehmen. Unser Bauch lässt sich nicht drängen. Setzen Sie sich in einen bequemen Sessel oder, wenn Sie sich beim Laufen besser entspannen können, laufen Sie einige Kilometer. Prüfen Sie, welches Gefühl Sie zu den bislang gesammelten verstandesmäßigen Informationen empfinden. Nutzen Sie dazu auch die folgende Übung.

| Übung 5 | Kopf und Bauch in Einklang bringen |

Die folgende Frage soll Ihnen helfen, um Ihren Kopf und Ihren Bauch, also Ihren Verstand und Ihr Gefühl, in Einklang zu bringen. Achten Sie beim Beantworten der Frage auf Ihre Gefühle. Notieren Sie in den nächsten 15 Minuten alles, was Ihnen dazu einfällt und was Ihnen Ihr Bauch dazu sagt.

Sind mein Kopf und mein Bauch in Einklang?

Wie erzähle ich von meinem beruflichen Ziel?

Ich befinde mich auf einer Party. Die Stimmung ist ausgelassen, die Gäste sind fröhlich. An der Getränkebar spricht mich einer der Partygäste an und fragt mich, was ich beruflich so mache. Ich finde die Frau (bzw. den Mann) sehr attraktiv und erzähle über mein gerade erreichtes neues berufliches Ziel. Über die Branche, das Unternehmen, das Tätigkeitsfeld, meine Position, meine Aufgaben, den Arbeitsort und die Arbeitszeit und auch über mein Gehalt. Mit welchem Gefühl erzähle ich das? Erzähle ich das mit Selbstsicherheit, Stolz und mit Freude oder eher zurückhaltend, vielleicht sogar ein wenig beschämt?

Entscheidungen treffen

■ Entscheidung absichern

Es ist so weit. Der Kopf sagt Ja: Alle verstandes-mäßigen Informationen zu den erwünschten und unerwünschten Folgen einer Entscheidung für unser neues berufliches Ziel sind »ausgezählt« und am Ende überwiegen die erwünschten Folgen. Der Bauch sagt ebenfalls Ja: Alle Gefühle zu den Informationen sind von Zustimmung für den Neu-anfang getragen. Unsere Entschiedenheit, das Ziel jetzt anzugehen, bereitet uns vielleicht noch ein wenig Gänsehaut, aber wir sind entschlossen, es zu tun. Wir wollen springen.

Bevor wir den Sprung wagen, sollten wir jedoch noch prüfen, welches Sicherheitsnetz wir ein-ziehen können, um im Fall der Fälle nicht ins Bodenlose zu stürzen. Gerade für entscheidungs-unsichere Menschen, ist das Absichern einer Ent-scheidung eine sehr nützliche Hilfe.

Die Absicherung beginnt mit einer Wahrschein-lichkeitsrechnung: Wie wahrscheinlich ist es, dass Sie Ihr neues berufliches Ziel erreichen werden? Eine berufliche Neuorientierung ist wie Autofah-ren im Nebel. Wir sehen vielleicht gerade noch den Vordermann, aber wir sehen nicht die nächste Kurve, geschweige denn die ganze Strecke. Des-halb können wir uns auch nicht ganz sicher sein, ob und, wenn ja, wo genau wir ankommen. In Situationen, in denen wir nicht sicher sein kön-nen, dass alles gut geht, müssen wir darauf ver-trauen, dass es funktionieren wird.

Da wir alle mit Verpflichtungen leben – die einen mit mehr, die anderen mit weniger – und unsere Entscheidung für oder gegen ein neues beruf-liches Ziel auch Auswirkungen auf die Menschen in unserem Umfeld haben wird, sollten wir eine Zweitmeinung zu unserem Vorhaben einholen. Fragen Sie einen, vielleicht sogar zwei Ihrer Unter-stützer aus Ihrem Umfeld. Halten Sie sich aber von den Bedenkenträgern fern (vgl. Kapitel 3 »Hindernisse überwinden«).

Es entscheidet sich erfahrungsgemäß leichter, wenn man weiß, wie tief man im Fall des Schei-terns stürzen kann, und wenn man eine Vorstel-lung davon hat, welche Optionen es dann noch gibt. Deshalb sollten Sie zur Absicherung Ihrer Entscheidung auch den schlimmsten Fall durch-spielen und einen Plan B entwickeln.

Und um im Fall des Scheiterns nicht zu tief zu stürzen, empfiehlt es sich, mehrere kleine Zwi-schenschritte einzubauen. Dadurch minimiert sich das Risiko, weil Sie nach einem kleinen Zwi-schenschritt nicht so tief fallen können wie nach einem großen Sprung.

Prüfen Sie, welches Sicherheitsnetz Sie vor Ihrem Sprung einziehen können, indem Sie die folgen-den vier Übungen durchführen:

- **Wahrscheinlichkeitsrechnung:** Schätzen Sie ein, wie wahrscheinlich der Erfolg bzw. das Scheitern Ihrer beruflichen Neuorientierung ist.
- **Zweitmeinung einholen:** Ziehen Sie ein oder zwei Unterstützer aus Ihrem Umfeld zurate und diskutieren Sie Ihre bevorstehende Ent-scheidung kritisch.
- **Plan B:** Halten Sie einen guten Plan B bereit. Für den Fall, dass Ihr Plan A nicht funktioniert, werden Sie froh darüber sein.
- **Weg der kleinen Schritte:** Denken Sie nicht sofort in »Ganz-oder-gar-nicht-Kategorien«. Wenn Sie eine Treppe nach oben gehen wollen, können Sie auch nur eine gewisse Anzahl von Treppenstufen überspringen. Wählen Sie bei Ihrer beruflichen Neuorientierung die Schritt-länge so, dass Sie die Schritte auch gehen kön-nen, ohne zu tief zu stürzen.

Übung 6   Wahrscheinlichkeitsrechnung

Keine Sorge, für Ihre Wahrscheinlichkeitsrechnung benötigen Sie weder große mathematische Kenntnisse noch einen Taschenrechner. Hier geht es ganz einfach darum, einzuschätzen und ein Gefühl dafür zu entwickeln, wie wahrscheinlich es ist, dass Sie Ihr Ziel erreichen werden. Allein die Tatsache, dass Sie sich mithilfe dieser Übung das Verhältnis von Chancen und Risiken vor Augen führen, wird Sie für Ihre Entscheidung sicherer machen. Denn bei dieser Einschätzung verbinden Sie alle rationalen Informationen und Gefühle miteinander und schaffen so ein Gesamtbild Ihrer beruflichen Neuorientierung.

Setzen Sie die Chance auf Erfolg und das Risiko des Scheiterns einmal ins Verhältnis. Beantworten Sie dazu die folgenden Fragen und tragen Sie Ihre Einschätzung in Prozenten in die Tabelle ein. Nehmen Sie sich dafür wieder 15 Minuten Zeit. Lassen Sie Ihre Einschätzung ein wenig auf sich wirken und diskutieren Sie Ihre Ergebnisse ein weiteres Mal mit Freunden und Unterstützern.

Meine Erfolgsaussichten

	%	%
Ziel	Ziel ist realisierbar	Ziel ist nicht realisierbar
Potenzial	Potenzial reicht aus	Potenzial reicht nicht aus
Hindernisse	Hindernisse sind überwindbar	Hindernisse sind nicht überwindbar
Gesamteinschätzung	Chance auf Erfolg	Risiko des Scheiterns

Entscheidungen treffen

Einer allein kann nie so viel wissen wie alle zusammen. Je länger wir uns mit uns selbst und unserer Zukunft beschäftigen, ohne unsere Überlegungen mit anderen zu diskutieren, desto größer wird die Gefahr, dass wir für Offensichtliches blind werden. Im Verlauf des Übungsparcours dieser Arbeitsmappe haben Sie bereits an den unterschiedlichsten Punkten Ihre Vorstellungen und Selbsteinschätzungen mit Menschen in Ihrem Umfeld diskutiert und Ihre Gedanken im Gespräch strukturiert. Um Ihre Entscheidung abzusichern, sollten Sie dies jetzt noch einmal tun. Fragen Sie einen oder zwei Unterstützer aus Ihrem Umfeld, ob sie Ihnen als kritische Gesprächspartner zur Verfügung stehen.
Nehmen Sie sich 15 Minuten Zeit und stellen Sie ihnen die folgenden Fragen.

- **Generalfrage:** Was hältst du von meinem Plan, mich beruflich neu zu orientieren?
- **Zielfrage:** Für wie realistisch schätzt du mein Ziel ein?
- **Potenzialfrage I:** Wie schätzt du mein Potenzial ein, mein Ziel zu erreichen?
- **Potenzialfrage II:** Was glaubst du, welche Kompetenzen ich erweitern muss, um mein Ziel zu erreichen?
- **Hindernisfrage I:** Welche Hindernisse und Schwierigkeiten siehst du auf dem Weg zu meinem Ziel?
- **Hindernisfrage II:** Wie schätzt du die Chance ein, dass ich diese Hindernisse und Schwierigkeiten überwinden kann?

Bitten Sie Ihren Gesprächspartner um offene und ehrliche Antworten. Notieren Sie, was Ihnen dazu durch den Kopf geht.

Meine Gedanken zu den Zweitmeinungen

Übung 8   **Plan B entwickeln**

Haben Sie bereits darüber nachgedacht, was Sie im Fall des Scheiterns machen? Was würden Sie überhaupt als Scheitern bezeichnen? Je größer und riskanter die berufliche Veränderung ausfällt, desto wichtiger wird ein Plan B.

Wer sich z. B. als Single ohne Kinder und ohne größere finanzielle Verpflichtungen das berufliche Ziel gesetzt hat, aus einer sicheren Anstellung heraus einen neuen Arbeitgeber zu suchen, für den ist das Risiko überschaubar. Wer sich hingegen mit der Verantwortung für eine Familie aus einer sicheren Anstellung heraus dafür entscheiden will, sich mit einer kapitalintensiven Idee selbstständig zu machen, hat ein sehr viel höheres Risiko zu tragen.

Es lohnt sich immer, den schlimmsten Fall gedanklich durchzuspielen und die Optionen zu definieren, die Sie dann noch haben. Wo ist der Punkt, hinter den Sie nicht zurückfallen können oder wollen?

Beantworten Sie dazu in den nächsten 15 Minuten die folgenden Fragen.

Was wäre das Schlimmste, was passieren könnte?

Was wäre unwiderruflich kaputt, wenn das Schlimmste eintreten würde?

Kann ich im Fall des Scheiterns meine Entscheidung rückgängig machen?

Kann ich im Fall des Scheiterns unerwünschte Folgen rückgängig zu machen?

Mein Plan B

Entscheidungen treffen

Haben Sie bereits über Ihre Schrittlänge nachgedacht? Und darüber, was das heißt? Nun, denken Sie an den Treppenaufgang und an die Anzahl der Stufen, die Sie auf einmal überspringen können. Bei Ihrer beruflichen Neuorientierung gilt es, einen Weg zurückzulegen. Und Sie wählen Ihre Schrittlänge, mit der Sie, ohne zu stürzen, gehen können. So wie Paul, 41, Vertriebsassistent und drauf und dran, seinen sicheren, gut bezahlten Job zu kündigen, um sich beruflich zu verändern.

Paul, 41 Jahre alt, Vertriebsassistent

Paul hat Germanistik, Politikwissenschaft und Geschichte auf Magister studiert. Eigentlich war sein Ziel damals, als Lektor zu einem Verlag zu gehen. Doch wie so häufig im Leben kam es anders als geplant. Und so arbeitet Paul seit vielen Jahren im Vertrieb verschiedener Branchen. Seit sieben Jahren ist er in der Telekommunikationsbranche als Vertriebsassistent tätig. Paul ist sehr unzufrieden und fragt sich, ob das denn wirklich schon alles gewesen sein soll. Aus der Frustration heraus will er kündigen und seinen Jugendtraum realisieren. Doch dieser »Ganz-oder-gar-nicht-Schritt« wäre nicht nur vor dem Hintergrund seiner familiären Verpflichtungen riskant. Paul hat sein neues berufliches Ziel nicht konkret definiert. Er weiß nicht, ob das Berufsbild des Lektors im 21. Jahrhundert seinen Vorstellungen, Interessen, Bedürfnissen und Eigenschaften wirklich entspricht.
Paul hat auch sein Potenzial nicht analysiert und weiß nicht, ob er die notwendigen Voraussetzungen für die Tätigkeit eines Lektors hat. Zudem hat er keine Ahnung davon, wie viel Zeit, Energie und Geld er einsetzen müsste, um sein vages Ziel zu realisieren. Vor diesem Hintergrund bestünden bei einer schnellen Eigenkündigung nicht kalkulierbare Folgen.

Jeder Bergkletterer sichert sich ab, indem er Haken setzt, um im Fall eines Sturzes nicht zu tief zu fallen. Fallschirmspringer sichern sich durch einen Reservefallschirm ab, Segler durch Rettungswesten, Skifahrer durch Lawinensuchgeräte und Autofahrer durch einen Airbag. Warum sollte sich der berufliche Umorientierer blindlings ins Verderben stürzen, ohne im übertragenen Sinn »Haken« zu setzen?

Prüfen Sie vor dem Hintergrund Ihrer Ausgangssituation und Ihres beruflichen Ziels, welche Zwischenschritte für Sie sinnvoll und machbar sind. Für Paul ist es sinnvoll, den Weg der zehn kleinen Schritte zu gehen:

- Recherche im Internet nach infrage kommenden Verlagen,
- Recherche im Internet nach Voraussetzungen, Fristen, Inhalten, Ablauf und Dauer einer Ausbildung zum Lektor,
- Kontaktaufnahme mit Verlagen und Prüfung der Möglichkeit eines unverbindlichen Gesprächs mit Lektoren,
- Antwort auf die Frage, ob Paul sich das Tätigkeitsfeld so vorgestellt hat,
- Einschätzung der Chancen, dass Paul nach der Ausbildung mit über 40 Jahren einen Job als Lektor bekommt,
- Prüfung der Möglichkeit, ein Schnupperpraktikum in einem Verlag zu absolvieren,
- konkrete Zieldefinition und anfertigen eines Umsetzungsplans mit Hindernismanagement,
- Absicherung der Entscheidung und entwerfen eines Plan B für den schlimmsten Fall,
- Entscheidung treffen,
- Start der Umsetzung.

Übung 9   Der Weg der kleinen Schritte

Sichern Sie Ihre Entscheidung für Ihr neues berufliches Ziel durch Zwischenschritte ab. Diese Zwischenschritte sollten zu Ihrer Ausgangssituation und zu Ihrem neuen beruflichen Ziel passen. Im Fall eines Sturzes ist der Schaden dadurch überschaubarer, als wenn Sie nach »Ganz-oder-gar-nicht-Manier« vorgehen. Das Beispiel von Paul, 41 Jahre, Vertriebsassistent, macht dies sehr deutlich.

Welche Zwischenschritte plane ich auf dem Weg zu meinem neuen beruflichen Ziel ein?

Was hätte ich bei einem Sturz während eines der möglichen Zwischenschritte zu verlieren?

Wären die Folgen rückgängig zu machen oder würde ich unwiderruflich Schaden nehmen?

Mein Weg der kleinen Schritte

Entscheidungen treffen

■ Entscheidung treffen

Letztendlich können wir nicht alles im Leben absichern und wir können auch nur mit einer gewissen Wahrscheinlichkeit annehmen, dass das, was wir uns vornehmen, auch klappen wird. Aber wenn wir uns nicht dafür entscheiden, es zumindest zu versuchen, sondern aus Angst vor dem Neuen beim Alten bleiben oder aus Angst davor, andere Möglichkeiten zu verpassen, uns alle Türen offen halten wollen, dann verpassen wir vielleicht den Zeitpunkt, den es für manche Entscheidungen im Leben eben nur manchmal gibt. Am offensichtlichsten ist das bei der Kinderfrage. Aber auch für viele Karriereschritte gibt es günstige und ungünstige Zeitpunkte. Zum Beispiel lohnen sich bestimmte Studiengänge ab einem gewissen Alter nicht mehr, weil die noch ausstehende Phase der Erwerbsarbeitszeit für eine Amortisierung der Kosten zu kurz wäre. Auch ist es sehr unwahrscheinlich, dass ein kaufmännischer Mitarbeiter im Alter von 45 Jahren zur Führungskraft, z. B. zum Abteilungsleiter, aufsteigt, wenn er nicht schon seit längerer Zeit genau dieses Ziel stringent verfolgt hat. Es ist sehr hilfreich, für die Entscheidung auch die Lebenszeitperspektive zu berücksichtigen.

Außerdem ist es sinnvoll, zu akzeptieren, dass das Gras sprichwörtlich immer grüner ist auf der anderen Seite. Es wird nicht auf einmal alles anders und besser, nur weil Sie beruflich neu durchstarten. Der Druck wird nicht weniger, er wird nur anders. Vor diesem Hintergrund lohnt es sich, den Beruf und die Arbeit in Relation zu den übrigen Bereichen im Leben zu sehen. Ein gesundes Leben besteht immer aus mehreren Teilen: Arbeit, Familie, Freunde, Freizeit und Gesundheit. Und die Kunst liegt darin, ein Gleichgewicht herzustellen und die Arbeit nicht dadurch zu überfordern, dass wir von ihr alles erwarten.

Der Schritt der Veränderung muss so klein sein, dass er mehr Lust als Angst macht.

Auf den zurückliegenden Seiten dieser Arbeitsmappe haben Sie sich ein gutes Fundament für Ihre berufliche Neuausrichtung erarbeitet. Jetzt können Sie sich entscheiden: Springen Sie! Erleichtern Sie sich Ihre Entscheidung mit den folgenden beiden Übungen und den am häufigsten gestellten Fragen zum Thema der beruflichen Neuorientierung.

- **Der richtige Zeitpunkt:** Alles hat seine Zeit. Ihre Entscheidung für Ihr neues berufliches Ziel hat eine richtige Zeit, vielleicht sogar einen bestimmten Zeitpunkt, an dem sie getroffen werden will. Verpassen Sie diesen Zeitpunkt nicht.
- **Das richtige Gleichgewicht:** Alles ist relativ. Das Leben besteht nicht nur aus Arbeit und Sie sollten Ihren Beruf und Ihre Arbeit nicht überfordern, indem Sie alles von ihnen erwarten. Versuchen Sie, im Gleichgewicht zu leben.
- **FAQ:** Nutzen Sie die zehn am häufigsten gestellten Fragen im Prozess einer beruflichen Neuausrichtung als Orientierungshilfe.

Übung 10 **Der richtige Zeitpunkt**

Gibt es einen einzigen richtigen Zeitpunkt, an dem die Entscheidung fallen muss? Nein. Es ist meist eine Phase, die Ihnen für Ihre Entscheidung zur Verfügung steht. Allerdings kann diese Phase je nach persönlicher Ausgangssituation und je nach dem angestrebten Ziel kürzer oder länger sein. Klären Sie, wie lange Ihre Orientierungsphase sein kann und soll und wann der richtige Zeitpunkt für Ihre Entscheidung gekommen sein wird. Beantworten Sie in den nächsten 15 Minuten die folgenden sieben Fragen.

Wie alt bin ich?

Wie viele Berufsjahre habe ich bereits gearbeitet?

Wie viele Berufsjahre liegen noch vor mir?

Gibt es Anmelde- oder Bewerbungsfristen auf dem Weg zu meinem Ziel? Wenn ja, welche?

Fallen Kosten für die Realisierung meines neuen beruflichen Ziels an? Wenn ja, welche?

Bis wann will oder muss ich meine Entscheidung definitiv treffen?

Was passiert, wenn ich meine Entscheidung bis zu diesem Zeitpunkt nicht getroffen habe?

Entscheidungen treffen

Oft ist es erleichternd, zu erkennen, dass in der Erwerbsarbeit nicht die gesamte Persönlichkeit mit allen Bedürfnissen und Eigenschaften, Interessen und Vorstellungen, Fähigkeiten und Qualifikationen, Tätigkeits- und Branchenerfahrungen ausgelebt werden kann. Mit dem Anspruch, in einer Arbeit alles zu realisieren, überfordern Sie Ihre Arbeitsstelle und sich selbst. Ein gesundes Leben besteht nicht nur aus Arbeit, auch die Familie und die Freunde, die Freizeit und die Gesundheit sind wichtig. Wenn Sie z. B. schon immer gern Englisch gesprochen haben, aber das in Ihrem Beruf oder in Ihrer aktuellen Arbeit nicht möglich ist, wohl aber alle anderen Faktoren stimmen, die Ihnen wichtig sind, dann können Sie natürlich Ihren Beruf oder Ihren Arbeitgeber wechseln, um täglich Englisch zu sprechen. Sie können sich aber auch ein alternatives Einsatzfeld für Ihre Englischkenntnisse in der Freizeit suchen. Beantworten Sie in den nächsten 15 Minuten die folgenden vier Fragen.

Wie oft nehme ich mir bewusst Zeit für meine Familie, meine Freunde, meine Freizeitaktivitäten und meine Gesundheit?

Was schätze ich, wie viel Prozent meiner Träume und Potenziale realisiere ich in meiner aktuellen Arbeit?

Wäre es möglich, die fehlenden Prozente zum Glück in anderen Lebensbereichen zu finden? Wenn ja, in welchen und wie?

Wie viel Energie brauche ich, um beruflich neu anzufangen? Wie viel, um meine Träume und Potenziale in anderen Bereichen auszuleben?

Übung 12   FAQ

Im Prozess einer beruflichen Neuorientierung tauchen bestimmte Fragen immer wieder auf. Nutzen Sie die folgenden zehn am häufigsten gestellten Fragen als Orientierung für Ihren Veränderungsprozess. Wenn Sie nicht spontan eine Antwort auf die jeweilige Frage wissen, können Sie noch einmal in den angegebenen Kapiteln nachlesen. Nehmen Sie sich jetzt wieder 15 Minuten Zeit.

Die zehn häufigsten Fragen

1) Was soll ich bloß tun? Es gibt 1000 Möglichkeiten und ich habe gar keinen Anhaltspunkt, wo ich ansetzen könnte.
   Kapitel 1 »Träume ernst nehmen«

2) Woher weiß ich, womit ich tatsächlich glücklich und zufrieden werde?
   Kapitel 1 »Träume ernst nehmen

3) Ich weiß gar nicht, was ich eigentlich kann! Wie kann ich nur herausfinden, welche Fähigkeiten ich mitbringe?
   Kapitel 2 »Potenziale erkennen«

4) Ich weiß nicht, ob ich wirklich bereit dazu bin, die für einen beruflichen Neuanfang notwendige Kraft aufzubringen. Wie kann ich das herausfinden?
   Kapitel 3 »Hindernisse überwinden«

5) Ich weiß nicht, ob mein Potenzial für meine beruflichen Träume ausreicht. Wie kann ich herausfinden, ob beides zusammenpasst?
   Kapitel 3 »Hindernisse überwinden«

6) Ich weiß nicht, ob ich das nötige Selbstvertrauen habe, um an mich, meine Bereitschaft und Befähigung zu glauben. Wie kann ich das herausfinden?
   Kapitel 3 »Hindernisse überwinden«

7) Wie finde ich heraus, ob ich in meiner aktuellen Lebenssituation überhaupt die Möglichkeit habe, um mich beruflich neu zu orientieren?
   Kapitel 3 »Hindernisse überwinden«

8) Wie kann ich meine Entscheidung für mein neues berufliches Ziel absichern?
   Kapitel 4 »Entscheidungen treffen«

9) Was kann mir helfen, meine Entscheidung tatsächlich zu treffen und mit der Umsetzung loszulegen?
   Kapitel 4 »Entscheidungen treffen«

10) Was mache ich, wenn ich mit Pauken und Trompeten scheitere?
    Kapitel 4 »Entscheidungen treffen«

Entscheidungen treffen

Bilanz ziehen

Noch einmal ganz von vorn anfangen, alles auf null und etwas ganz anderes machen?! Vielleicht haben Sie mit diesem Gedanken zu der Arbeitsmappe gegriffen. Und mit diesem Gedanken haben Sie angefangen, Ihre Entscheidung zu treffen oder zumindest darüber nachzudenken,

- was ein neues berufliches Ziel für Sie sein kann,
- welches Potenzial Sie für dieses neue berufliche Ziel mitbringen,
- welche Hindernisse Sie auf dem Weg zum Ziel überwinden müssen.

Auf den letzten Seiten haben Sie nun vier Entscheidungshelfer kennengelernt und mit zwölf verschiedenen Übungen Ihre Entscheidungskraft gestärkt. Fassen Sie zum Abschluss dieses Kapitels Ihre vier Entscheidungshelfer noch einmal im Überblick zusammen:

- **Folgen abschätzen,** um die potenziellen erwünschten und unerwünschten Auswirkungen, die eine Entscheidung für oder gegen Ihr neues berufliches Ziel hätte, greifbar zu machen.
- **Entscheidungsbalance herstellen,** um den Verstand und das Gefühl in Einklang zu bringen. Denn je nach dem, wie groß die Entscheidung für Sie ist, kämpfen Ihr Kopf und Ihr Bauch miteinander. Prüfen Sie deshalb, wie viel verstandesmäßige Informationen und wie viel positives Gefühl Sie brauchen, um eine sichere Entscheidung treffen zu können.
- **Entscheidung absichern,** um ein Sicherheitsnetz für den schlimmsten Fall des Scheiterns einzuziehen und sich mit einem Plan B zu rüsten.
- **Entscheidung treffen** und dafür den optimalen Zeitpunkt nutzen. Denn jede Entscheidung hat ihre Zeit und den optimalen Zeitpunkt sollten Sie nicht verpassen.

Benennen und notieren Sie nun konkret, was Sie über sich herausgefunden haben und wie Sie es sich leichter machen können, Ihre Entscheidung zu treffen. Entwickeln Sie so Ihr persönliches Entscheidungsmanagement. Ergänzen Sie dazu jeweils den folgenden Satzanfang:

Die Folgen meiner Entscheidung sind ...

_____

_____

_____

_____

Für meine Entscheidungsbalance brauche ich die folgenden Informationen und das folgende Gefühl:

_____

_____

_____

_____

_____

Zur Absicherung meiner Entscheidung muss ich Folgendes tun:

_____

_____

_____

_____

_____

_____

Den richtigen Zeitpunkt meiner Entscheidung definiere ich so:

_____

_____

_____

_____

_____

_____

_____

_____

Damit Sie Ihre Entscheidung für den beruflichen Neuanfang tatsächlich treffen können, spielt die Absicherung der Entscheidung eine wichtige Rolle. Denn wir alle leben in einem sozialen Gefüge und unsere Entscheidung hat immer auch Auswirkungen auf die Menschen in unserem Umfeld. Je größer und damit riskanter unsere Entscheidung ist, desto wichtiger ist es, uns den Sprung durch ein Sicherheitsnetz leichter zu machen.

Die Kunst besteht darin, die persönlichen Sicherheitsanker zu erkennen und sie auch zu setzen. Mit den Anmerkungen und Übungen in diesem Kapitel sind Sie dabei ein gutes Stück vorangekommen.

Und mit Ihrer heutigen Entscheidung, an die Umsetzung zu gehen, werden alle Ihre Kräfte auf Ihr neues berufliches Ziel fokussiert. Das sind gute Voraussetzungen dafür, dass Ihr beruflicher Neuanfang funktionieren wird. Denn wenn Sie Ihre Energie zielstrebig einsetzen, können Sie alle notwendigen Schritte auf Ihrem Weg zu Ihrem Ziel gehen.

Wir wünschen Ihnen dabei viel Erfolg!

Checkliste

Die berufliche Neuorientierung auf einen Blick

Sich beruflich neu zu orientieren, ist ein komplexer Prozess. Um den Überblick zu bewahren, können Sie diese Checkliste nutzen. Halten Sie darin alle Punkte, die für Ihren Erfolg wichtig sind, auf einen Blick fest. Beachten Sie dabei die folgenden acht Punkte:

- die konkrete Definition Ihres neuen beruflichen Ziels,
- die Beschreibung Ihrer Motivation für die berufliche Veränderung,
- die Einschätzung, wie lange es dauert, bis Sie Ihr Ziel erreicht haben werden,
- die Kalkulation Ihrer Finanzen,
- die Einschätzung Ihrer Bereitschaft und Ihrer Befähigung, Zeit und Energie aufzubringen,
- die ehrliche Analyse Ihres Potenzials,
- der Blick auf mögliche Hindernisse sowie ein belastbares Hindernismanagement,
- die Einschätzung des Risikos und Ihre Absicherung Ihrer Entscheidung.

Beantworten Sie die folgenden 16 Fragen nacheinander. Ihre Antworten weisen Ihnen den Weg zu Ihrem beruflichen Neuanfang. Sie profitieren am meisten von dieser Checkliste, wenn Sie bei Ihren Antworten ehrlich zu sich selbst sind.

Mein neues berufliches Ziel

Warum will ich mich beruflich neu orientieren?

Was genau will ich verändern?

Veränderungspunkte	ja	nein
Branche		
Unternehmensstruktur		
Tätigkeitsfeld		
Position		
Aufgaben		
Arbeitsort		
Arbeitszeit		
Arbeitsentgelt		
andere Dinge, und zwar		

Gibt es Dinge, die ich beibehalten will? Welche?

Wenn ich verändert habe, was ich wollte, inwiefern geht es mir dann besser als heute?

Wann will ich mein Ziel erreicht haben?

Was muss ich unternehmen, um mein Ziel in der gewünschten Zeit zu erreichen?

Wie viel Energie und Zeit brauche ich, um mein Ziel zu erreichen?

Wie hoch ist meine Bereitschaft, diese Energie und Zeit aufzubringen?

Welche Fähigkeiten und Qualifikationen bringe ich für mein neues berufliches Ziel mit?

Checkliste

Welche Fähigkeiten und Qualifikationen fehlen mir?

_____

_____

_____

_____

_____

Wie werde ich mir das fehlende Potenzial aneignen?

_____

_____

_____

_____

_____

Wie lange wird es dauern, mir fehlende Qualifikationen und Fähigkeiten anzueignen?

_____

_____

_____

_____

Welche Hindernisse auf dem Weg zu meinem neuen beruflichen Ziel muss ich überwinden?

_____

_____

_____

_____

_____

Wie werde ich diese Hindernisse überwinden?

_____

_____

_____

_____

_____

Wie kann ich die Entscheidung für mein neues berufliches Ziel absichern, sodass ich im Fall des Scheiterns nicht ins Bodenlose stürze?

_____

_____

_____

_____

Nun sind Sie am Ende dieser Arbeitsmappe und haben damit den Anfang Ihres beruflichen Neustarts gesetzt. Sie haben die vier wesentlichen Schritte einer beruflichen Neuorientierung mental gemacht. Sie haben:

- Ihr neues berufliches Ziel definiert,
- Ihr Potenzialprofil erstellt,
- Ihr Hindernismanagement entwickelt,
- Ihr Entscheidungsmanagement geschafft.

Ein gelingender beruflicher Neustart ist jedoch mehr als die Summe dieser vier Einzelteile auf Papier. Damit Ihr Neustart gelingt, müssen Sie jetzt auch real die Schritte gehen, die Sie mental bereits unternommen haben.

Die folgende Abbildung soll noch einmal auf einen Blick verdeutlichen, was Sie bereits geleistet haben. Sie sehen darin die vier Schritte, die Sie im Lauf der Bearbeitung der 60 Übungen in dieser Arbeitsmappe gegangen sind. Nehmen Sie sich einige Minuten Zeit und betrachten Sie die Abbildung genau. Darin liegt Ihr Schlüssel für Ihre gelingende berufliche Neuorientierung. Jetzt heißt es: Gehen Sie los!

Manche Dinge werden einfacher, wenn man anfängt, sie zu tun.

Die gelingende berufliche Neuorientierung – Schritt für Schritt

DIE GELINGENDE BERUFLICHE NEUORIENTERUNG

Schritt 4

Entscheidungen treffen

Wichtig ist …
- die Folgen meiner Entscheidungen zu kennen
- Kopf und Bauch in Einklang zu bringen
- einen Plan B zu entwickeln
- den Entscheidungssprung zu wagen

Schritt 3

Hindernisse überwinden

Wichtig ist/sind meine …
- Befähigung
- Bereitschaft
- Selbstvertrauen
- Möglichkeiten

Schritt 2

Potenziale erkennen

Das sind meine …
- Fähigkeiten
- Qualifikationen
- bisherigen Tätigkeitsfelder
- Brachenerfahrungen

Schritt 1

Träume ernst nehmen

Das sind meine …
- Vorstellungen
- Interessen
- Bedürfnisse
- Eigenschaften

Einfach noch besser werden – mit weiteren Arbeitsmappen von Duden

Arbeitsmappe
Vorstellungsgespräch

Diese Arbeitsmappe zeigt, wie man kritische Situationen im Vorstellungsgespräch erfolgreich meistert. Praktische Übungen zu den 50 wichtigsten Arbeitgeberfragen helfen bei einer zügigen und effizienten Vorbereitung – von der Firmenrecherche bis zur Stärken-Schwächen-Analyse.
128 Seiten. Broschur

Die Bewerbungsmappe

Mit der richtigen Vorbereitung groß rauskommen – diese Arbeitsmappe führt Sie Schritt für Schritt zur perfekten Bewerbungsmappe. Zahlreiche Muster für Anschreiben und Lebenslauf werden praxisnah erläutert und durch die beigefügte CD-ROM mit weiteren Formulierungshilfen und Textvorlagen ergänzt.
128 Seiten. Broschur

Arbeitsmappe
Einstellungstests

Dieses Buch beinhaltet einen Echtzeittest und erläutert alle Arten von Einstellungstests. Zudem enthalten sind zahlreiche Mitmachmodule mit umfassendem Lösungsteil zur Erarbeitung der besten individuellen Teststrategie!
128 Seiten. Broschur

Mit gutem Rat zum Erfolg – weitere Ratgeber von Duden

Handbuch Bewerbung

Das umfassende Duden-Standardwerk zum Thema Bewerbung. Das Buch behandelt alle Aspekte der Bewerbungsphase im Detail, z.B. das Erkennen persönlicher Potenziale und Ziele, die Stellensuche, das Verfassen von Anschreiben und Lebenslauf, Besonderheiten bei Online-Bewerbungen, die ideale Vorbereitung auf Einstellungstests, Assessment-Center und Telefoninterviews. Mit Bewerbungstrainer auf CD-ROM: Musterbriefe, Textbausteine und Formulierungshilfen auf Knopfdruck.
608 Seiten. Gebunden

Das erfolgreiche Vorstellungsgespräch

Dieser Ratgeber bietet alles für die effektive Vorbereitung auf das Vorstellungsgespräch und für die erfolgreiche Selbstpräsentation. Umfangreiches Hintergrundwissen, Strategien zur Vorbereitung, die häufigsten Fragen und sichere Antworten, Beispielsituationen und Tipps vom Personalprofi.
2., aktualisierte Auflage,
192 Seiten. Broschur

Das richtige Arbeitszeugnis

Dieses Buch enthält alles, was Arbeitnehmer und Arbeitgeber über das Arbeitszeugnis wissen müssen: Das Zeugnisrecht und seine Durchsetzung vor dem Arbeitsgericht, Beispiele aus der aktuellen Rechtsprechung sowie Hilfen zur Entschlüsselung von Geheimzeichen und Geheimcodes.
224 Seiten. Broschur

Handbuch Korrekt und stilsicher schreiben

Das Handbuch „Korrekt und stilsicher schreiben" hilft mit zahlreichen Beispielen und Übungen, Tabellen und Übersichten, typische Fehler und Pannen zu vermeiden. Außerdem enthält es in ausführlicher Form die Regeln der deutschen Rechtschreibung, Grammatik und Zeichensetzung.
128 Seiten. Gebunden